JN312724

物理化学演習

片岡 洋右
山田 祐理

三共出版

まえがき

　物理化学は自分で問題を解いて初めて身に付く分野です。この考え方で，片岡は長年法政大学でアトキンスの物理化学の教科書を使って授業をしながら，多数の演習問題を作ってきました。

　今回その中から，基本的事項が身に付く，易しめの問題を選びました。例題もできるだけ小さなステップに分割し，例題を読んで理解したら十分解ける問題を自習問題としてあげました。

　内容は熱力学と量子力学です。どちらも基本的な部分だけですが，この部分を十分に理解することが多くの応用的分野での問題解決に役立つと考えています。

　例題は基本事項が学べるように配置してあります。問題をあまり解いたことが無く，例題を独力で解くのが困難な場合は，解答を繰り返し読んで書き写してください。そうした作業を通して記憶に定着させてください。単に目で読むだけでは，深く理解せずに早く読み進みすぎるからです。

　多くは式で問題を解き，数値を代入して妥当な値が得られるかを検討する普通の物理化学の問題のスタイルをとっていますが，コンピュータが普及している今日，これを理解に役立てないのはもったいないので，数値計算をPC上で解く問題もあります。

　普通の熱力学の演習書では気体に関する限り，完全気体を仮定した問題が大部分を占めています。熱力学に基づいた計算を実行できるからです。今回われわれは，完全気体に加えて，ファンデルワールスの式を圧力だけでなく内部エネルギーについても示し，このタイプの実在気体に関する問題を加えました。内部エネルギーの状態方程式があると，多くの熱力学の問題を完全気体同様に解くことができる喜びを味わってほしいと思います。

　多くの化学を学ぶ学生諸君が，熱力学と量子力学の基本的部分でつまずかないように願って書いたものです。この本が実際に有効であることを願っています。

2011年1月

著　者

目　次

Part 1　物理化学の基礎量とその単位

1-1　基礎的な量とその単位 ……………………………………………………… 2
- 1-1-1　長　　さ ……………………………………………………………… 2
- 1-1-2　質　　量 ……………………………………………………………… 2
- 1-1-3　時　　間 ……………………………………………………………… 3
- 1-1-4　速　　度 ……………………………………………………………… 3
- 1-1-5　加　速　度 …………………………………………………………… 4
- 1-1-6　力 ………………………………………………………………………… 4
- 1-1-7　仕　　事 ……………………………………………………………… 4
- 1-1-8　温　　度 ……………………………………………………………… 5
- 1-1-9　物　質　量 …………………………………………………………… 5
- 1-1-10　電　　流 ……………………………………………………………… 6
- 1-1-11　電　　圧 ……………………………………………………………… 6
- 1-1-12　電　　荷 ……………………………………………………………… 6

Part 2　熱　力　学

2-1　圧　　力 ……………………………………………………………………… 10
- 2-1-1　圧　　力 ……………………………………………………………… 10
- 2-1-2　液柱の底面における圧力 …………………………………………… 10
- 2-1-3　完全気体の圧力 ……………………………………………………… 11
- 2-1-4　気体の密度 …………………………………………………………… 11
- 2-1-5　気体の分子間距離 …………………………………………………… 14
- 2-1-6　引力の効果 …………………………………………………………… 14
- 2-1-7　反発力の効果 ………………………………………………………… 15
- 2-1-8　ファンデルワールス状態方程式 …………………………………… 16
- 2-1-9　臨　界　点 …………………………………………………………… 17
- 2-1-10　換　算　変　数 ……………………………………………………… 18
- 2-1-11　対応状態の原理 ……………………………………………………… 19
- 2-1-12　圧力等温線図 ………………………………………………………… 19

2-2 熱力学第一法則 ………………………………………………………………… 20
- 2-2-1 完全気体の内部エネルギー …………………………………………… 20
- 2-2-2 実在気体の内部エネルギー …………………………………………… 22
- 2-2-3 熱力学第一法則 ………………………………………………………… 23
- 2-2-4 気体の膨張の仕事 ……………………………………………………… 23
- 2-2-5 完全気体の等温可逆膨張 ……………………………………………… 24
- 2-2-6 完全気体の自由膨張 …………………………………………………… 25
- 2-2-7 実在気体の自由膨張 …………………………………………………… 26
- 2-2-8 電気による加熱 ………………………………………………………… 27
- 2-2-9 熱 測 定 ………………………………………………………………… 27
- 2-2-10 熱 容 量 ………………………………………………………………… 28
- 2-2-11 エンタルピー …………………………………………………………… 29
- 2-2-12 エンタルピーの温度変化 ……………………………………………… 29
- 2-2-13 完全気体の断熱可逆膨張 ……………………………………………… 30
- 2-2-14 完全気体の断熱可逆膨張による内部エネルギーとエンタルピー変化 … 32
- 2-2-15 断 熱 線 ………………………………………………………………… 33
- 2-2-16 完全気体の膨張率 ……………………………………………………… 33
- 2-2-17 完全気体の等温圧縮率 ………………………………………………… 34
- 2-2-18 実在気体の膨張率 ……………………………………………………… 34
- 2-2-19 実在気体の等温圧縮率 ………………………………………………… 36
- 2-2-20 気体の膨張率のグラフ ………………………………………………… 36
- 2-2-21 気体の等温圧縮率のグラフ …………………………………………… 37
- 2-2-22 エンタルピーの温度依存性 …………………………………………… 38
- 2-2-23 ジュール–トムソン効果 ……………………………………………… 39

2-3 熱力学第二法則と熱力学第三法則 …………………………………………… 40
- 2-3-1 完全気体の等温可逆膨張のエントロピー変化 ……………………… 40
- 2-3-2 定圧加熱による分子系のエントロピー変化 ………………………… 41
- 2-3-3 完全気体の体積と温度を変えたときのエントロピー変化 ………… 42
- 2-3-4 加熱による完全気体のエントロピー変化のグラフ ………………… 42
- 2-3-5 カルノーサイクル ……………………………………………………… 43
- 2-3-6 熱力学第二法則 ………………………………………………………… 45
- 2-3-7 状 態 関 数 ……………………………………………………………… 45
- 2-3-8 孤立系のエントロピー変化 …………………………………………… 46
- 2-3-9 クラウジウスの不等式 ………………………………………………… 46

2-4 熱力学第三法則と第一法則・第二法則の結合 …… 47

- 2-4-1 熱力学第三法則 …… 47
- 2-4-2 ヘルムホルツエネルギー …… 48
- 2-4-3 ギブズエネルギー …… 48
- 2-4-4 最大仕事 …… 49
- 2-4-5 第一法則と第二法則の結合 …… 49
- 2-4-6 偏微分係数 …… 50
- 2-4-7 Maxwell の関係式 (1) …… 50
- 2-4-8 Maxwell の関係式 (2) …… 51
- 2-4-9 Maxwell の関係式 (3) …… 51
- 2-4-10 Maxwell の関係式 (4) …… 51
- 2-4-11 内部エネルギーの定温における体積依存性 …… 52
- 2-4-12 定圧における内部エネルギーの温度依存性 …… 53
- 2-4-13 C_p と C_V の関係 …… 54
- 2-4-14 ギブズエネルギーの温度依存性 …… 55
- 2-4-15 ギブズエネルギーの圧力依存性 …… 56
- 2-4-16 完全気体のギブズエネルギーの圧力依存性 …… 56
- 2-4-17 純物質の化学ポテンシャル …… 57
- 2-4-18 フガシティー …… 57
- 2-4-19 ファンデルワールス気体のフガシティー …… 58

Part 3 量子力学

3-1 古典物理学の破綻と量子論のさきがけ …… 64

- 3-1-1 黒体放射と古典物理学の破綻 …… 64
- 3-1-2 プランク分布 …… 65
- 3-1-3 低温熱容量 …… 67
- 3-1-4 原子分子のスペクトル …… 68
- 3-1-5 電磁放射線の粒子性 …… 69
- 3-1-6 粒子の波動性 …… 70

3-2 微視的な系の力学 …… 71

- 3-2-1 シュレーディンガー方程式 …… 71
- 3-2-2 波動関数 …… 72
- 3-2-3 演算子,固有値と固有関数 …… 74
- 3-2-4 重ね合わせと期待値 …… 76
- 3-2-5 不確定性原理 …… 77

3-2-6	一次元の箱の中の粒子	78
3-2-7	二次元の箱の中の粒子	84
3-2-8	トンネル現象	86
3-2-9	振動運動	90
3-2-10	二次元回転運動	95
3-2-11	三次元回転運動	102

3-3 水素型原子の構造とスペクトル … 110
- 3-3-1 水素型原子 … 110
- 3-3-2 水素原子のスペクトル … 116

Part 4 付　　録

4-1 微積分の基本 … 126
- 4-1-1 微分の練習 … 126
- 4-1-2 微分の応用 … 127
- 4-1-3 積分の練習 … 128
- 4-1-3 偏微分の計算練習 … 131

4-2 物理の基本 … 135
- 4-2-1 エネルギー … 135
- 4-2-2 仕　事 … 136
- 4-2-3 仕　事　率 … 136
- 4-2-4 力と運動 … 137
- 4-2-5 運動量の変化 … 138
- 4-2-6 エネルギーの保存 … 139

4-3 実在気体の熱力学 … 140
- 4-3-1 実在気体の等温可逆膨張 … 140
- 4-3-2 実在気体の断熱可逆膨張 … 141
- 4-3-3 実在気体のエンタルピー … 142
- 4-3-4 実在気体のジュール-トムソン効果 … 144
- 4-3-5 実在気体のジュール-トムソン効果 (2) … 145

索　引 … 151

Part 1

物理化学の基礎量とその単位

　物理化学は圧力・体積・温度の関係などを定量的に扱う。関係式の中には気体定数も現れる。これらの物理量の値を示すときは，使用した単位を同時に明記する必要がある。体積は，標準的な単位系では m^3 を単位とすることが求められているが，m^3 では数値が小さすぎるときは cm^3 を使用する場合もある。長さは m が標準的な単位であるが，対象に応じて km や nm（ナノメートル）など各種の単位が使われる。

　この章では，物理化学に現れる基礎的な物理量を簡潔に解説し，それらに用いられる通常の単位を説明する。物理量を表す時には，数値を単位をセットとして書き，計算も単位を伴って行う習慣を付けることを期待したい。

1–1 基礎的な量とその単位

ここでは小さな階段を一歩一歩上ってゆくイメージで，今後物理化学で使われる量の特徴を単位とほかの量との関係を中心に理解することにする。熱力学量は Part 2 で扱う予定である。量子力学に関する量は Part 3 で取り上げる。

1-1-1 長　　さ

長さをあらわす量の標準的な単位は m（メートル）である。ほかの単位と組み合わせて計算するときは m で表してから演算する。国際単位系の基本単位である。

例題 1-1

長さを表す量 a と b が次のように与えられている。$a = 1.0$ m，$b = 20$ cm。以下の演算を行え。

(1) $a+b$
(2) a^3/b
(3) a^2+b

答

(1) $a+b = 1.0$ m $+ 20$ cm $= 1.0$ m $+ 0.20$ m $= 1.2$ m
(2) $a^3/b = (1.0$ m$)^3 / (0.20$ m$) = 5$ m^2
(3) a^2+b においては $(1.0$ m$)^2$ は面積を表す量であるが，0.20 m は長さを表す量であるので，加えることはできない。

自習問題 1-1（長さを表す量の演算）

長さを表す量 x と y が次のように与えられている。$x = 1$ nm，$y = 20$ pm。nm はナノメートルで 10^{-9} m を意味する。pm はピコメートルで 10^{-12} m を意味する。

以下の演算を行え。

(1) $x+100\,y$
(2) $x^3 \times y$
(3) $x^2 - 10000\,y^2$

1-1-2 質　　量

質量の単位は kg（キログラム）である。k は 10^3 を意味する接頭語である。kg の組み合わせで国際単位系の基本単位と約束されている。

例題 1-2

6.022×10^{23} 個の炭素原子の質量 m は 0.012 kg で，体積 V はおよそ 5.3×10^{-6} m^3 である。

(1) 炭素原子一個の質量を求めよ。

(2) この炭素の密度を計算せよ。

答

(1) 一個当たりの質量は，全体の質量 m を個数 N で割ればよいから

$$m/N = (0.012\ \text{kg}) / (6.022 \times 10^{23}) = 1.99 \times 10^{-26}\ \text{kg}$$

(2) 密度 d は質量 m を体積 V で割った量である。

$$d = m/V = (0.012\ \text{kg}) / (5.3 \times 10^{-6}\ \text{m}^3) = 2.3 \times 10^3\ \text{kg m}^{-3}$$

自習問題 1-2 （質量を表す量の演算）

酸素分子は酸素原子二個から構成される。6.022×10^{23} 個の酸素原子の質量は 0.016 kg である。酸素分子一個の質量を求めよ。

1-1-3 時　　間

国際単位系では，時間の単位は s（秒）が基本単位と約束されている。

例題 1-3

1 時間は何秒か。

答

1 時間 = 60 分 = 60×60 s = 3.6×10^3 s，1 分 = 60 s を代入して単位の換算を行っていることに注意。

自習問題 1-3 （時間の単位の換算）

天文学で使われる光年とはどのような単位か。標準的な単位で表せ。

1-1-4 速　　度

平均の速度 v は，変位 Δx をかかった時間 Δt で割ったものである。$v = \Delta x / \Delta t$。この定義式から，v の単位は ms^{-1} である。

例題 1-4

地上で適当な高さから物体を静かに放したところ，2.0 s で 19.6 m 落下した。この間の物体の平均速度を求めよ。

答

$$v = \Delta x / \Delta t = (19.6\ \text{m}) / (2.0\ \text{s}) = 9.8\ \text{ms}^{-1}$$

自習問題 1-4

光の速度 c は次の大きさを持つ。$c = 2.998 \times 10^8\ \text{ms}^{-1}$。地球の周囲の長さはおよそ 4.0×10^7 m

である。光が地球を一周するのに要する時間を求めよ。また光は 1s 間に地球を何周するか。

1-1-5 加速度

平均の加速度 a は，速度の変化 Δv をかかった時間 Δt で割ったものである。$a = \Delta v/\Delta t$。この定義式から，a の単位は ms^{-2} である。

例題 1-5

地上で適当な高さから物体を静かに放したところ，2.0 s で $19.6\ ms^{-1}$ の速度になった。この間の物体の平均加速度を求めよ。

答

$a = \Delta v/\Delta t = (19.6\ ms^{-1})/(2.0\ s) = 9.8\ ms^{-2}$

自習問題 1-5

静止していた電車が時間 t_1 だけたった時，速度は v_1 になった。この列車の平均加速度を求めよ。

1-1-6 力

地上では，質量 m の物体には下向きに mg の大きさの重力がかかる。ここで g は自然落下の加速度と呼ばれる物理定数で次の値である。$g = 9.8\ ms^{-2}$。

例題 1-6

地上で質量 $m = 1.0\ kg$ の物体に働く重力 F の大きさを求めよ。

答

$F = mg = (1.0\ kg) \times (9.8\ ms^{-2}) = 9.8\ mkgs^{-2}$

ここに現れた単位は力の単位で，N と書きニュートンと呼ばれる。$mkgs^{-2} = N$。

万有引力の法則によれば，質量 m, M を持つ物体が距離 r 離れていると，この二つの質量の間に作用する力 F の大きさが次の式で与えられる（F が負値をとるので引力である）。ただし G は万有引力定数である。

$$F = -G\frac{Mm}{r^2}$$

自習問題 1-6

質量 m の物体の受ける重力を $-mg$ とすると，地球の半径 r はどのように表されるか。

1-1-7 仕事

物体に力 F を加え Δx だけ移動させたとき，物体に $w = F\Delta x$ の仕事 w を加えたという。$F = 1\ N$,

$\Delta x = 1$ m のときこの単位の積を J と書きジュールと読む。1 Nm = 1 J = 1 m^{2}kgs^{-2}。

例題 1-7

高さ 0 から h まで，質量 m の物体を静かに持ち上げるには，どれだけの仕事を加えなければならないか。

答

重力に逆らって持ち上げる。重力は一定の大きさ $-mg$ なので，これに移動距離を掛ければ仕事が計算できる。$W = mg \times h$

自習問題 1-7

質量 $m = 1.0$ kg，$h = 19.6$ m のとき，仕事 w を計算せよ。

1-1-8 温　　度

物理化学では，単に温度と言った時も K（ケルビン）を単位とする絶対温度（熱力学的温度）を用いる。日常使われる℃単位の温度とは，数値部分が 273.15 だけ違う。℃単位の温度を θ と書き絶対温度を T と書くと次の関係がある。$T/\text{K} = \theta/\text{℃} + 273.15$。K は国際単位系の基本単位である。

例題 1-8

$\theta = 25$ ℃は絶対温度でいくらに相当するか。

答

$T/\text{K} = \theta/\text{℃} + 273.15 = 25 + 273.15 = 298.15$　つまり　$T = 298.15$ K

自習問題 1-8

絶対温度 373.15 K は℃単位では何度か。

1-1-9 物　質　量

物理化学では，分子の存在する量を $6.02214\ldots \times 10^{23}$ 個を単位として測る。この単位を mol（モル）という。この個数と mol との換算に現れる定数をアボガドロ定数 N_A という。$N_A = 6.02214\ldots \times 10^{23}$ mol^{-1}。また，1 mol 当たりの量をモル量という。もっとも重要なモル量にモル質量がある。これは 1 mol 当たりの分子の質量である。原子やイオン性化合物についてもモル質量という。mol も国際単位系の基本単位である。

例題 1-9

メタン分子のモル質量を求めよ。

答

水素原子と炭素原子のモル質量がそれぞれ $1\,\mathrm{g\,mol^{-1}}$, $12\,\mathrm{g\,mol^{-1}}$ であるから

メタン分子のモル質量 $= 4\times 1\,\mathrm{g\,mol^{-1}} + 12\,\mathrm{g\,mol^{-1}} = 16\,\mathrm{g\,mol^{-1}}$

自習問題 1-9

32 g のメタンの物質量 n を求めよ。

1-1-10 電　　流

電流 I の標準的単位は A（アンペア）である。これは国際単位系の基本単位のひとつである。もともと電流とは単位時間に流れる電荷の量を意味するが，A が国際単位系の基本単位に選ばれている。

1-1-11 電　　圧

電圧 V は V（ボルト）を単位として表される。物理量の電圧 V は斜体で書かれ，単位の V は立体である。電圧が V で電流が I の電流を時間 t だけ流すと，この電流により供給されるエネルギーは $E = IVt$ であり，単位の関係は $1\,\mathrm{AVs} = 1\,\mathrm{J}$ である。

例題 1-11

0.50 A の電流で電圧は 12 V であり時間は 500 s ならこの電流が供給するエネルギーはいくらになるか。

 答

$E = IVt = 0.50\,\mathrm{A} \times 12\,\mathrm{V} \times 500\,\mathrm{s} = 3.0\times 10^{3}\,\mathrm{J}$

自習問題 1-11

$1\times 10^{3}\,\mathrm{J}$ のエネルギーを電気ヒーターで試料に加えるには，12 V の電圧で 0.50 A の電流をどれだけの時間通じる必要があるか。

1-1-12 電　　荷

電荷は C（クーロン）を単位として表される。電気量とも呼ばれる。電流 I とは単位時間に流れる電荷 C のことであるから，これらの単位の間には次の関係がある。$1\,\mathrm{C} = 1\,\mathrm{As}$。陽子の持つ電荷は電気素量 e と呼ばれる。その大きさは $1\,e = 1.60218\ldots\times 10^{-19}\,\mathrm{C}$ である。

例題 1-12

1 mol の陽子の持つ電荷を計算せよ。

 答

電気素量にアボガドロ定数をかければよい。この量はファラデー定数 F と呼ばれる。

$$F = e \times N_A = 1.60218\ldots \times 10^{-19}\,\text{C} \times 6.02214\ldots \times 10^{23}\,\text{mol}^{-1} = 9.6485 \times 10^4\,\text{C mol}^{-1}$$

電荷 q_1, q_2 が距離 r 離れているとき，エネルギー E は次の式で与えられる。

$$E = \frac{q_1 q_2}{4\pi\varepsilon_0 r}, \quad 4\pi\varepsilon_0 = 1.11265 \times 10^{-10}\,\text{J}^{-1}\text{C}^2\text{m}^{-1}$$

自習問題 1-12

陽子と電子が 1.0×10^{-10} m 離れているときのエネルギーを計算せよ。

自習問題　解答

1-2　酸素分子一個の質量 $= 2 \times 0.016\,\text{kg mol}^{-1} / (6.022 \times 10^{23}\,\text{mol}^{-1})$

1-4　0.13 s,　7.5 周

1-5　$a = v_1 / t_1$

1-6　$-G\dfrac{Mm}{r^2} = -mg,\ g = G\dfrac{M}{r^2}$

1-7　$w = 1.0\,\text{kg} \times 9.8\,\text{ms}^{-2} \times 19.6\,\text{m} = 1.9 \times 10^2\,\text{J}$

1-8　$\theta = 100\,°\text{C}$

1-12　$E = [1.60218 \times 10^{-19}\,\text{C}] \times [-1.60218 \times 10^{-19}\,\text{C}] / \{[1.11265 \times 10^{-10}\,\text{J}^{-1}\text{C}^2\text{m}^{-1}] \times [1.0 \times 10^{-10}\,\text{m}]\}$
$= -2.3 \times 10^{-18}\,\text{J}$

Part 2

熱力学

　熱力学は気体・液体・固体のような分子集団のエネルギーを対象とする。この分子系のエネルギーは内部エネルギー U と呼ばれる。内部エネルギーの変化についての法則が<u>熱力学第一法則</u>である。

　大気圧下のような一定圧力のもとでの熱の発生量は，U よりは $H = U+pV$ と定義されるエンタルピーの変化として扱う方が的確である。

　一定温度 T で熱を Q だけ貰って，例えば固体から液体へ変化する時，エントロピーが $\Delta S = Q/T$ だけ上昇する。

　体積と温度を指定して分子系の自発変化の方向を見るには，ヘルムホルツエネルギー $A = U-TS$ を使う。

　一方，圧力と温度が指定されているときに分子系がどの方向に自発変化するかを判定するには，ギブズエネルギー $G = H-TS$ の変化を見ればよい。

　自発変化の方向を決めるのが<u>熱力学第二法則</u>である。

　<u>熱力学第三法則</u>によれば，完全に規則的に並んだ結晶はどの分子系についてもエントロピーは 0 と選ぶことができる。

　熱力学では以上の三つの法則の活用方法を学ぶ。

2-1 圧　力

2-1-1 圧　力

薬局でプラスチック製の注射器を購入すれば，気体を圧縮してみることができる。注射器には空気を満たしておく。針を付ける部分を片方の手で押さえ，ピストンを押せば容易に体積を半分くらいにすることができる。それ以上に押し込むと，狭い口の方で押さえきれなくなる。狭い口を押さえていた手には跡がつくので，強い力がかかっていることがわかる。

このように圧力 p は，かかる力 F を支えている面の面積 A で割ったものであることを納得できよう。

$$p = \frac{F}{A} \tag{2-1}$$

Part 1 でも述べたが，力の単位は N（ニュートン）であり，面積の単位を m^2 であらわすと，次の圧力の単位 Pa になる。

$$1\,\mathrm{Pa} = 1\,\frac{\mathrm{N}}{\mathrm{m}^2} \tag{2-2}$$

例題 2-1

レジ袋に 2 リットルのペットボトルのお茶を入れて，手で持つとき，手にかかる圧力を求めよ。レジ袋と手の指とが接触する面積は $1\,\mathrm{cm}^2$ とする。なお，2 リットルのお茶による重力は 20 N とする。

答

圧力と力および面積の関係式（2-1）を使って計算する。圧力を Pa 単位で表すためには，面積は m^2 単位に換算する必要がある。

$$p = F/A = 20\,\mathrm{N}/1\,\mathrm{cm}^2 = (20\,\mathrm{N})/(10^{-4}\,\mathrm{m}^2) = 2\times 10^5\,\mathrm{Pa} \tag{2-3}$$

この圧力の大きさは大気圧の二倍程度であり，無視できないくらいの大きさである。

自習問題 2-1（圧力）

例題 2-1 において，重いものを入れても持ちやすいように工夫されたレジ袋では指にかかる面積を大きくしている。レジ袋と手の指とが接触する面積を $10\,\mathrm{cm}^2$ とすると，手にかかる圧力はどのように変わるか。

2-1-2 液柱の底面における圧力

例題 2-2

一方が閉じたガラス管に水銀を満たしたのち，これをビーカーの中で倒立させると，上部に真空部分ができ，水銀だめから測った液柱の高さは h で底面積は A であった。このとき，水銀の底面における圧力を求めよ。

答

底面にかかる重力 F は，水銀の密度 d を使って $F = dAhg$ と表される。これは水銀の液柱部分の体積が Ah で，これに密度を掛けて質量が dAh となるからである。よって圧力は $p = dAhg/A = dhg$。

自習問題 2-2

水銀の密度は $d = 13.546 \times 10^3 \text{ kg m}^{-3}$ である。$p = 1.013 \times 10^5$ Pa のとき，液柱の高さ h を求めよ。

2-1-3 完全気体の圧力

希薄な気体では圧力 p は体積 V，温度 T，物質量 n，気体定数 R を用いて次の式で与えられる。気体定数は次の値を持つ。$R = 8.31451\ldots \text{ JK}^{-1}\text{mol}^{-1}$

$$p = \frac{nRT}{V} \tag{2-4}$$

この式は，本来は希薄な気体に対する式である。しかし分子間の相互作用が無視できる理想的な気体を考えると，この気体は式（2-4）に完全に従う。これを理想気体あるいは完全気体といい，そして式（2-4）を完全気体の状態方程式と呼ぶ。

例題 2-3

温度 $T = 273.15$ K，物質量 $n = 1$ mol，圧力 $p = 1.01325 \times 10^5$ Pa のとき，体積 V の値を求めよ。

答

完全気体の状態方程式から V を求めると

$V = nRT/p = [1 \text{ mol}] \times [8.31451 \text{ JK}^{-1}\text{mol}^{-1}] \times [273.15 \text{ K}]/[1.01325 \times 10^5 \text{ Pa}] = 2.24 \times 10^{-2} \text{ m}^3 = 22.4 \text{ dm}^3$

自習問題 2-3

例題 2-3 において，体積を 1/100 倍にするにはどれだけの圧力を必要とするか。

2-1-4 気体の密度

完全気体では密度と関係なく分子間の相互作用が働かないと仮定されている。しかし実在する気体では高密度では引力や反発力がはたらき，温度が十分低ければ液体や固体へ変わる。

例題 2-4

完全気体と仮定して，温度 400 K で圧力が 1.013×10^5 Pa の水蒸気の密度を求めよ。

答

方　針　完全気体の状態方程式を仮定して，モル体積 $V_\text{m} = V/n$ を求める。次にモル質量 M をモル体積 V_m で割って密度 d を得る。

必要な一般式　$p = RT/V_\text{m}$, $d = M/V_\text{m}$

文字式による計算　　　$V_m = RT/p$,　$d = M/V_m = Mp/RT$

使用する物理定数と条件値

　　　$R = 8.31451$ J K^{-1} mol^{-1},　$T = 400$ K,　$p = 1.013 \times 10^5$ Pa,　$M = 18 \times 10^{-3}$ kg mol^{-1}

数値計算　　　$d = [18 \times 10^{-3}$ kg mol$^{-1}] \times [1.013 \times 10^5$ Pa$]/\{[8.31451$ J K^{-1} mol$^{-1}] \times [400$ K$]\}$

　　　　　　　　$= 0.548$ kg m$^{-3} = 0.548 \times 10^{-3}$ g cm^{-3}

解　説　　液体の水は 1 g cm^{-3} の密度を持つことが知られているから，液体の水と比較して，完全気体を仮定して得た水蒸気の密度は約 $1/2000$ 倍であることがわかる．実際多くの場合，気体は同じ物質の液体と比べおよそ $1/1000$ 倍の密度を持つ．

図 2-1　水蒸気の分子配置の例

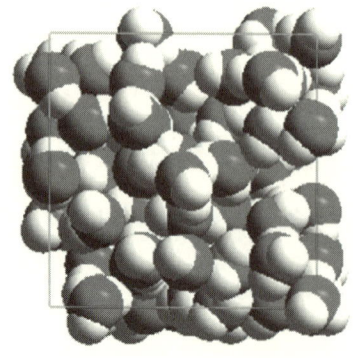

図 2-2　液体の水の分子配置の例
密度 $d = 1 \times 10^3$ kg m^{-3}

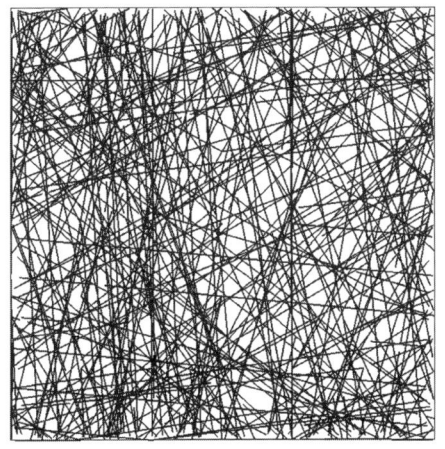

図 2-3 アルゴン気体における分子運動の軌跡の例
(分子が希薄で,分子の衝突がほとんど見られないので,完全気体と仮定できる)

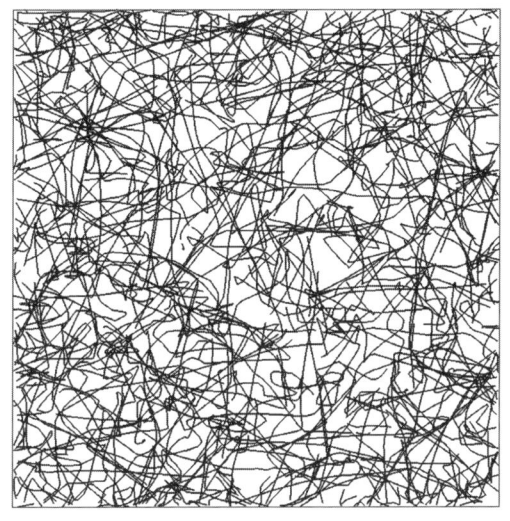

図 2-4 高密度アルゴン気体における分子運動の軌跡の例
(分子間相互作用の影響で,軌跡は直線から大きくずれている)

自習問題 2-4

完全気体と仮定して,温度 298 K で圧力が 1.013×10^5 Pa の二酸化炭素気体の密度を求めよ。

2-1-5　気体の分子間距離

気体において，各分子がそれぞれの小部屋に分かれて入っていると考えて分子間距離を推定できる。

例題 2-5

完全気体と仮定して，密度が 0.548 kg m^{-3} の水蒸気における平均分子間距離を求めよ。

答

文　字　密度 d，モル体積 V_m，モル質量 M，アボガドロ定数 N_A，一分子が占める体積を立方体で表した時の辺の長さ a

方　針　密度 d，質量 M，体積 V_m の一般的関係からモル体積 V_m を求める。分子一個が占める空間を立方体で近似して，辺の長さ a を出し，これを平均分子間距離と考える。

文字式　　$d = M/V_m$，$a^3 = V_m/N_A$

文字式による計算　　$V_m = M/d$，$a = [V_m/N_A]^{1/3} = [M/(dN_A)]^{1/3}$

物理定数と条件値　　$N_A = 6.022 \times 10^{23} \text{ mol}^{-1}$，$d = 0.548 \text{ kg m}^{-3}$

数値計算　　$a = ([18 \times 10^{-3} \text{ kg mol}^{-1}]/\{[0.548 \text{ kg m}^{-3}][6.022 \times 10^{23} \text{ mol}^{-1}]\})^{1/3} = 3.79 \times 10^{-9} \text{ m}$

解　説　先の図 2-1 のセルの一辺の長さは 6.02×10^{-9} m である。

自習問題 2-5

完全気体と仮定して，温度 298 K で圧力が 1.013×10^5 Pa の二酸化炭素気体における平均分子間距離を求めよ。

2-1-6　引力の効果

分子間相互作用の効果を無視できない気体を実在気体と言う。実在気体では密度を高くすると，まず引力的な相互作用の効果が次の式のように現れる。

$$p = \frac{RT}{V_m} - \frac{a}{V_m^2} \tag{2-5}$$

ここで，a はファンデルワールス係数と呼ばれ，物質固有の定数である。

例題 2-6

二酸化炭素気体では $a = 0.366 \text{ Pa m}^6 \text{ mol}^{-2}$ である。温度 304 K，モル体積 $V_m = 94.0 \times 10^{-6}$ $\text{m}^3 \text{ mol}^{-1}$ における完全気体項の圧力と，式（2-5）の第二項で示される引力の効果部分の大きさを求めよ。

答

方　針　式（2-5）により計算する。

文字の定義　圧力 p，気体定数 R，温度 T，モル体積 V_m，ファンデルワールス係数 a

物理定数と条件値　$R = 8.31451 \text{ J K}^{-1} \text{ mol}^{-1}$，$T = 304$ K，$V_m = 94.0 \times 10^{-6} \text{ m}^3 \text{ mol}^{-1}$，

$a = 0.366\ \mathrm{Pa\ m^6\ mol^{-2}}$

文字式による計算　　完全気体項の圧力　$p_0 = RT/V_\mathrm{m}$，引力の効果　$p_a = -a/V_\mathrm{m}^2$

数値計算　　$p_0 = [8.31451\ \mathrm{J\ K^{-1}\ mol^{-1}}] \times [304\ \mathrm{K}]/[94.0 \times 10^{-6}\ \mathrm{m^3\ mol^{-1}}] = 2.69 \times 10^7\ \mathrm{Pa}$

$p_a = -[0.366\ \mathrm{Pa\ m^6\ mol^{-2}}]/[94.0 \times 10^{-6}\ \mathrm{m^3\ mol^{-1}}]^2 = -4.14 \times 10^7\ \mathrm{Pa}$

解説　　この結果は，引力の効果が完全気体の項の圧力の大きさをしのぐということである。反発力の効果も取り入れる必要があることが分かる。

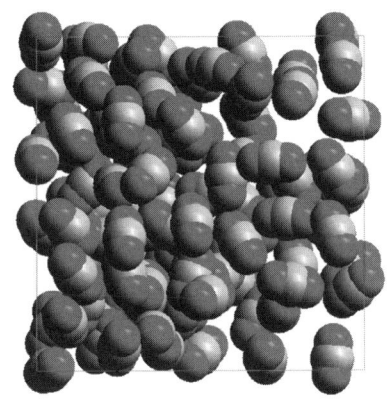

図 2-5　モル体積 $V_\mathrm{m} = 94.0 \times 10^{-6}\ \mathrm{m^3\ mol^{-1}}$ における二酸化炭素気体の分子配置の例

自習問題 2-6

アルゴン気体のファンデルワールス係数は $a = 0.1337\ \mathrm{Pa\ m^6\ mol^{-2}}$ である。温度 150.72 K，モル体積 $V_\mathrm{m} = 75.25 \times 10^{-6}\ \mathrm{m^3\ mol^{-1}}$ における完全気体項の圧力と，式（2-5）の第二項で示される引力の効果部分の大きさを求めよ。

2-1-7　反発力の効果

気体の密度が高くなると，分子同士の反発力の効果が圧力に現れる。完全気体の式で，モル体積 V_m を分子自身の占める体積 b に相当する分だけ差し引いた $V_\mathrm{m} - b$ で置き換えると，完全気体の圧力に反発力の効果を取り入れることができる。

$$p = \frac{RT}{V_\mathrm{m} - b} \tag{2-6}$$

この定数 b も，a と並んで，ファンデルワールス係数と呼ばれる。

例題 2-7

二酸化炭素気体の b の値は $b = 4.29 \times 10^{-5}\ \mathrm{m^3\ mol^{-1}}$ である。温度 304 K，モル体積 $V_\mathrm{m} = 94.0 \times 10^{-6}\ \mathrm{m^3}$ における完全気体の圧力と，式（2-6）で示される圧力を比較せよ。

答

方針 反発力の効果を取り入れた圧力の式（2-6）により計算する。

文字の定義 圧力 p，気体定数 R，温度 T，モル体積 V_m，ファンデルワールス係数 b

物理定数と条件値

$R = 8.31451$ J K^{-1} mol^{-1}, $T = 304$ K, $V_m = 94.0 \times 10^{-6}$ m^3 mol^{-1}, $b = 4.29 \times 10^{-5}$ m^3 mol^{-1}

文字式による計算

完全気体の圧力　$p_0 = RT/V_m$，反発力の効果を取り入れた圧力　$p_r = RT/(V_m - b)$

数値計算　$p_0 = [8.31451$ J K^{-1} mol$^{-1}] \times [304$ K$]/[94.0 \times 10^{-6}$ m^3 mol$^{-1}] = 2.69 \times 10^7$ Pa

$p_r = [8.31451$ J K^{-1} mol$^{-1}] \times [304$ K$]/[94.0 \times 10^{-6}$ m^3 mol$^{-1} - 4.29 \times 10^{-5}$ m^3 mol$^{-1}]$

$= 4.95 \times 10^7$ Pa

反発力の効果を取り入れた圧力は，完全気体の圧力の 1.84 倍である。

自習問題 2-7

アルゴン気体のファンデルワールス係数は $b = 3.20 \times 10^{-5}$ m^3 mol^{-1} である。温度 150.72 K，モル体積 $V_m = 75.25 \times 10^{-6}$ m^3 mol^{-1} における完全気体の圧力 p_0 と，式（2-6）で示される反発力の効果部分の効果を取り入れた圧力 p_r の大きさを求めよ。

2-1-8　ファンデルワールス状態方程式

反発力の効果を取り入れた圧力の式に引力の効果を加えて次の式を得る。この式は<u>ファンデルワールス状態方程式</u>と呼ばれる。

$$p = \frac{RT}{V_m - b} - \frac{a}{V_m^2} \qquad (2\text{-}7)$$

例題 2-8

気体酸素のファンデルワールス係数は $a = 0.1382$ Pa m^6 mol^{-2}, $b = 3.19 \times 10^{-5}$ m^3 mol^{-1} である。温度 154.8 K，モル体積 78.0×10^{-6} m^3 における気体酸素の圧力を，ファンデルワールス状態方程式により求めよ。比較のため完全気体を仮定したときの圧力 p_0，式（2-7）の第一項の圧力 p_r，第二項の圧力 p_a の値も求めよ。

答

方針 ファンデルワールス状態方程式式（2-7）により計算する。

文字の定義 圧力 p，気体定数 R，温度 T，モル体積 V_m，ファンデルワールス係数 a, b

完全気体を仮定したときの圧力 p_0，式（2-7）の第一項の圧力 p_r，式（2-7）第二項の圧力 p_a

物理定数と条件値　$R = 8.31451$ J K^{-1} mol^{-1}, $T = 154.8$ K, $V_m = 78.0 \times 10^{-6}$ m^3 mol^{-1},

$a = 0.1382$ Pa m^6 mol^{-2}, $b = 3.19 \times 10^{-5}$ m^3 mol^{-1}

文字式による計算　完全気体項の圧力　$p_0 = RT/V_m$，引力の効果　$p_a = -a/V_m^2$，反発力の効果

$p_r = RT/(V_m - b)$, ファンデルワールス状態方程式 $p = p_r + p_a$

数値計算　　$p_0 = [8.31451 \text{ J K}^{-1} \text{mol}^{-1}] \times [154.8 \text{ K}]/[78.0 \times 10^{-6} \text{ m}^3 \text{ mol}^{-1}] = 1.65 \times 10^7 \text{ Pa}$

$p_a = -[0.1382 \text{ Pa m}^6 \text{ mol}^{-2}]/[78.0 \times 10^{-6} \text{ m}^3 \text{ mol}^{-1}]^2 = -2.27 \times 10^7 \text{ Pa}$

$p_r = [8.31451 \text{ J K}^{-1} \text{mol}^{-1}] \times [154.8 \text{ K}]/[78.0 \times 10^{-6} \text{ m}^3 \text{ mol}^{-1} - 3.19 \times 10^{-5} \text{ m}^3 \text{ mol}^{-1}]$
$= 2.79 \times 10^7 \text{ Pa}$

$p = p_r + p_a = 2.79 \times 10^7 \text{ Pa} - 2.27 \times 10^7 \text{ Pa} = 5.2 \times 10^6 \text{ Pa}$

得られたファンデルワールス状態方程式による圧力 p は，完全気体を仮定した圧力 p_0 の 0.32 倍である。

自習問題 2-8　（ファンデルワールス状態方程式）

アルゴン気体のファンデルワールス係数は $a = 0.1337$ Pa m^6 mol^{-2}, $b = 3.20 \times 10^{-5}$ m^3 mol^{-1} である。温度 150.72 K，モル体積 $V_m = 75.25 \times 10^{-6}$ m^3 mol^{-1} における完全気体項の圧力 p_0 と，式(2-7) で示されるファンデルワールス状態方程式の圧力 p の大きさを求めよ。

2-1-9　臨界点

高温の気体は，いくら圧縮しても密度が徐々に高まるだけで，途中に質的な変化は見られない。しかし，特定の温度以下では，気体の圧縮の過程で液体部分が観測されるようになる。この境界の温度を臨界温度 T_c という。気体部分のモル体積と液体部分のモル体積が一致する点は臨界点といわれ，その時のモル体積は臨界体積 V_c という。臨界点における圧力は臨界圧力 p_c という。(p_c, V_c, T_c) をあわせて臨界定数という。臨界定数は物質固有の定数である。ファンデルワールス状態方程式は，次の臨界点を持つことが知られている。

$$V_c = 3b, \quad p_c = \frac{a}{27b^2}, \quad T_c = \frac{8a}{27Rb} \tag{2-8}$$

この式において a, b はファンデルワールス係数である。また R は気体定数である。

例題 2-9

二酸化炭素気体のファンデルワールス係数の値は $a = 0.366$ Pa m^6 mol^{-2}, $b = 4.29 \times 10^{-5}$ m^3 mol^{-1} である。この値を用いて，二酸化炭素の臨界定数を求めよ。

答

文字の定義　　気体定数 R, 臨界圧力 p_c, 臨界温度 T_c, 臨界体積 V_c, ファンデルワールス係数 a, b

方　針　　式 (2-8) により計算する。

物理定数と条件値　　$R = 8.31451$ J K^{-1} mol^{-1},　$a = 0.366$ Pa m^6 mol^{-2},　$b = 4.29 \times 10^{-5}$ m^3 mol^{-1}

文字式と数値計算　　$V_c = 3b = 3 \times [4.29 \times 10^{-5} \text{ m}^3 \text{ mol}^{-1}] = 1.29 \times 10^{-4}$ m^3 mol^{-1}

$p_c = a/27b^2 = 0.366$ Pa m^6 mol$^{-2}/\{27 \times [4.29 \times 10^{-5} \text{ m}^3 \text{ mol}^{-1}]^2\} = 7.37 \times 10^6$ Pa

$T_c = 8a/27Rb = 8 \times [0.366 \text{ Pa m}^6 \text{ mol}^{-2}]/\{27 \times [8.31451 \text{ J K}^{-1} \text{ mol}^{-1}]$

$\times [4.29 \times 10^{-5} \text{ m}^3 \text{ mol}^{-1}]\} = 304 \text{ K}$

自習問題 2-9

アルゴン気体の臨界定数をファンデルワールス状態方程式から計算せよ。ファンデルワールス係数の値は自習問題 2-8 に示されている。

例題 2-10 巨視的実験値との比較

例題 2-9 の臨界定数の結果を，二酸化炭素についての巨視的実験値と比較せよ。

答

二酸化炭素についての巨視的実験値は広く知られている。

V_c (巨視的実験値) = 94.0×10^{-6} m^3　　　V_c (ファンデルワールス状態方程式) = 129×10^{-6} m^3 mol^{-1}

p_c (巨視的実験値) = 7.38×10^7 Pa　　　p_c (ファンデルワールス状態方程式) = 7.37×10^6 Pa

T_c (巨視的実験値) = 304.2 K　　　T_c (ファンデルワールス状態方程式) = 304 K

以上の比較から，ファンデルワールス状態方程式は，臨界体積において 37 % 程度大きな値を与えるが，臨界圧力と臨界温度は巨視的実験値と極めて近い値を与えることがわかる。

解説　この理由は，臨界圧力と臨界温度の巨視的実験値を使って，a と b の値が決定されたものと推測できる。

自習問題 2-10

アルゴン気体の臨界定数のファンデルワールス状態方程式から計算した結果を，巨視的実験値と比較せよ。ファンデルワールス係数の値は自習問題 2-8 に示されている。

2-1-10　換算変数

上で得られた臨界定数を使って体積，圧力，温度を換算する。

$$V_r = \frac{V_m}{V_c}, \quad p_r = \frac{p}{p_c}, \quad T_r = \frac{T}{T_c} \tag{2-9}$$

この換算変数を使うと，ファンデルワールス状態方程式は物質固有の定数を含まない次の形になる。

$$p_r = \frac{8T_r}{3V_r - 1} - \frac{3}{V_r^2} \tag{2-10}$$

例題 2-11

式 (2-9) から式 (2-10) を導け。

答

方針　式 (2-7) に式 (2-9) から導かれる次の式を代入する。

$$V_m = V_c V_r, \quad p = p_c p_r, \quad T = T_c T_r$$

代入後は，式（2-8）を使って式を整理する。

$$p = \frac{RT}{V_m - b} - \frac{a}{V_m^2}, \quad p_c p_r = \frac{RT_c T_r}{V_c V_r - b} - \frac{a}{(V_c V_r)^2}, \quad \frac{a}{27b^2} p_r = \frac{R \frac{8a}{27Rb} T_r}{3bV_r - b} - \frac{a}{(3bV_r)^2}$$

$$\therefore p_r = \frac{8T_r}{3V_r - 1} - \frac{3}{V_r^2}$$

2-1-11 対応状態の原理

式（2-9）によって導入された換算変数を使用すれば，多数の気体を統一的に扱うことができる。物質の個性は式（2-9）の分母に含まれるので，異なる気体の圧力を同じ換算温度と換算体積の状態と比較すれば，同じ換算圧力になると期待される。このことは実験的に確かめられている。この対応関係を<u>対応状態の原理</u>という。

例題 2-12

二酸化炭素の $p = 7.38 \times 10^7$ Pa，$T = 304.2$ K の状態は，アルゴン気体のどの状態に対応するか。

答

方　針　二酸化炭素の臨界定数を用いて換算変数の値を求める。同じ換算変数のアルゴン気体の状態点がこれに対応する。

条件値　二酸化炭素の $p = 7.38 \times 10^7$ Pa，$T = 304.2$ K

計　算　二酸化炭素の臨界定数で割って換算変数の値を求めると $p_r = 1$，$T_r = 1$ となるので，アルゴン気体のこの状態点と対応する。そこで，アルゴンの臨界圧力と臨界温度の値から次の状態に対応する。$p = 4.86 \times 10^7$ Pa，$T = 150.72$ K。

自習問題 2-12

二酸化炭素の $p = 7.38 \times 10^7$ Pa，$T = 304.2$ K の状態は，水蒸気のどの状態に対応するか。

2-1-12 圧力等温線図

ある一定温度における圧力を，体積の関数として描いたものが<u>圧力等温線図</u>である。

例題 2-13

換算変数で表されたファンデルワールス状態方程式に基づき，次の換算温度について圧力等温線図を描け。$T_r = 2$，$T_r = 1$，$T_r = 0.5$

答

表計算ソフトを使うのが便利である。横軸は V_r で変域は $V_r > 1/3$ である。十分大きな体積（例えば $V_r = 1000$）まで調べるには，対数目盛を用いると良い。体積が $V_r < 3$ の領域では，グラフは微妙に変化するので細かな刻みでプロットすることが望ましい。グラフの例を図 2-6 に示す。

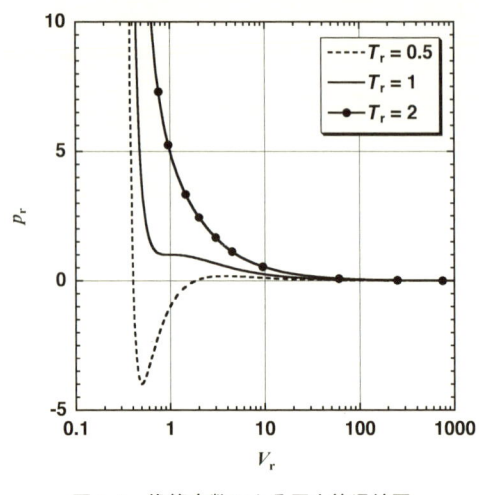

図 2-6　換算変数による圧力等温線図

自習問題 2-13

圧力等温線の横軸を換算体積の逆数に選んで表示せよ。数密度の換算変数を横軸に選んだことになる。

2-2　熱力学第一法則

2-2-1　完全気体の内部エネルギー

分子系の全エネルギーを内部エネルギーという。内部エネルギーは U と書かれる。完全気体は分子間相互作用が無視できる気体であるから，内部エネルギーは運動エネルギーの項だけで書かれる。運動エネルギーは，熱平衡状態では運動の自由度ひとつごとに次の平均値を持つ。

$$\left\langle \frac{1}{2}m v_x^2 \right\rangle = \frac{1}{2}kT \tag{2-11}$$

ここで速度の x 成分を v_x と書いた。k はボルツマン定数で，$k = R/N_A$ である。
単原子分子からなる完全気体のモル内部エネルギーは次の式で与えられる。

$$U_m = \frac{1}{2}kT \times 3 \times N_A = \frac{3}{2}RT \tag{2-12}$$

3 が出てきたのは速度の x, y, z 成分のためである（図 2-7 参照）。
また一般の多原子分子からなる完全気体のモル内部エネルギーは次のようになる（図 2-8 参照）。こ

こでは分子内の運動は起こらないと近似している。結合角や結合長が変わる運動はないという取り扱いである。

$$U_m = 3RT \tag{2-13}$$

単原子分子気体との違いは，並進運動の3自由度以外に回転の自由度が3あることである。

直線型分子からなる完全気体は，分子を貫く対称軸の周りの回転は自由度として認められないので，運動の自由度は5となり，モル内部エネルギーは次のようになる（図2-9参照）。

$$U_m = \frac{5}{2}RT \tag{2-14}$$

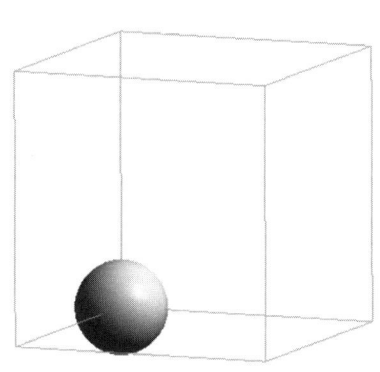

図2-7 単原子分子はx, y, z方向への並進運動が可能である。球形なので回転運動は考えない。

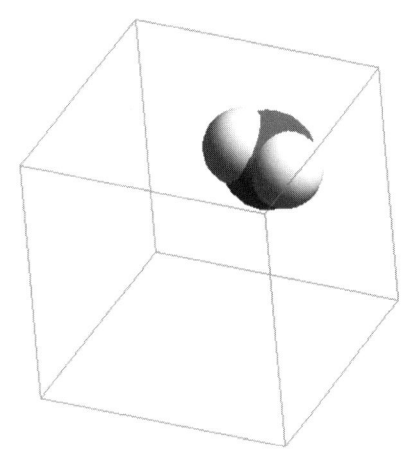

図2-8 水分子は，並進運動以外に重心周りに三軸回転が可能である。

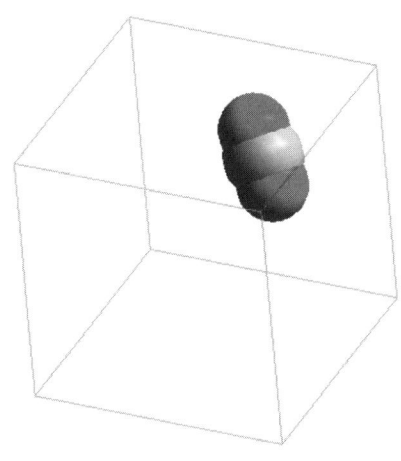

図2-9 二酸化炭素分子は並進運動以外に重心周りに二軸回転が可能である。この分子はO=C=Oの三原子の中心を通る直線を中心として軸対称なため，この軸周りでは回転したものとはみなされない。

例題 2-14

温度 150.72 K における，気体アルゴンのモル内部エネルギーの値を求めよ。

答

方　針　式（2-12）に基づき計算する。

文字の定義　モル内部エネルギー U_m，気体定数 R，温度 T

文字式の答え　$U_m = (3/2)RT$

物理定数と条件値　$R = 8.31451$ J K^{-1} mol^{-1}，$T = 150.72$ K

数値計算計算　$U_m = (3/2) \times [8.31451 \text{ J K}^{-1} \text{ mol}^{-1}] \times [150.72 \text{ K}] = 1879.7$ J mol^{-1}

自習問題 2-14

二酸化炭素気体を完全気体として，温度 304.2 K におけるモル内部エネルギーの値を求めよ。

2-2-2　実在気体の内部エネルギー

実在気体では，分子間相互作用の影響が内部エネルギーに現れる。ファンデルワールス状態方程式に従う気体（ファンデルワールス気体という）では，相互作用項は次の形を持つ。

$$U_a = -\frac{a}{V_m} \tag{2-15}$$

ファンデルワールス気体のモル内部エネルギーは，運動エネルギーの項をその分子の形に応じて式（2-12）～（2-14）から選び，これに式（2-15）の相互作用項に加える。単原子分子のファンデルワールス気体なら，次のようになる。

$$U_m = \frac{3}{2}RT - \frac{a}{V_m} \tag{2-16}$$

例題 2-15

温度 150.72 K，モル体積 75.25×10^{-6} m^3 mol^{-1} における，気体アルゴンのモル内部エネルギーの値をファンデルワールス気体として求めよ。

答

方　針　式（2-16）に基づき計算する。

文字の定義　モル内部エネルギー U_m，気体定数 R，温度 T，ファンデルワールス係数 a

文字式の答え　$U_m = (3/2)RT - a/V_m$

物理定数と条件値　$R = 8.31451$ J K^{-1} mol^{-1}，$T = 150.72$ K，$V_m = 75.25 \times 10^{-6}$ m^3 mol^{-1}，

　　　　　　　　　　$a = 0.1337$ Pa m^6 mol^{-2}

数値計算　$U_m = (3/2) \times [8.31451 \text{ J K}^{-1} \text{ mol}^{-1}] \times [150.72 \text{ K}] - [0.1337 \text{ Pa m}^6 \text{ mol}^{-2}]/$

　　　　　　$[75.25 \times 10^{-6} \text{ m}^3 \text{ mol}^{-1}] = 1879.7$ J mol^{-1} $- 1777$ J mol^{-1} $= 103$ J mol^{-1}

自習問題 2-15

二酸化炭素気体をファンデルワールス気体として温度 304.2 K，モル体積 94.0×10^{-6} m^3 mol^{-1} におけるモル内部エネルギーの値を求めよ。二酸化炭素気体のファンデルワールス係数の値は $a = 0.366$ Pa m^6 mol^{-2} である。

2-2-3　熱力学第一法則

熱力学第一法則とは，調べる対象の分子系の内部エネルギーが変化するとしたら，熱エネルギーとして q だけ貰い，仕事として w 貰って次の量だけ変化するという形で，エネルギー授受に関する多くの実験結果をまとめたものである。

$$\Delta U = q + w \tag{2-17}$$

エネルギーの形にはほかのものもあるが，いま考えている気体や液体の内部エネルギーについては，当面上で述べた熱と仕事だけで十分である。熱は加熱する操作を日常体験することで理解できる。仕事とは系が膨張して外部に対して仕事をすることをいう。仕事として分子系が受けたエネルギーを w と書くので，系が外部に対して仕事をした場合は w の符号は負となる。仕事については次の節でより詳しく扱う。

また，変化が微小量のときは熱力学第一法則は次のように書かれる。

$$dU = dq + dw \tag{2-18}$$

例題 2-16

ある気体が熱の形で 100 kJ エネルギーを貰い，外部に対して 10 kJ の仕事をした。このときこの気体の内部エネルギーの変化を求めよ。

答

方　針　　熱力学第一法則つまり式 (2-17) を使う。

文字の定義　　内部エネルギー U，熱として分子系に供給されたエネルギー q，仕事として分子系に供給されたエネルギー w

条件値　　$q = 100$ kJ, $w = -10$ kJ

文字式による計算　　$\Delta U = q + w$

数値計算　　$\Delta U = 100$ kJ $- 10$ kJ $= 90$ kJ

2-2-4　気体の膨張の仕事

気体は膨張して外部に対し仕事をすることができる。蒸気機関車がその典型例である。膨張するときの仕事を定量的に扱うために，微小な変化をまず調べる。大きな変化は，微小な変化を積み重ねて調べることができる。外部から圧力 p_{ex} を受けている気体が，この圧力に逆らってピストンを微小量 dz だけ外部へ押し出したとする（ex の添え字は外部の意味）。仕事は力 F と移動距離 dz の積で計算で

きるから，このときの仕事を微小量 dw と書くと，次の関係がある。

$$\mathrm{d}w = -F\mathrm{d}z \tag{2-19}$$

ここで負号が付いたのは，力の方向とピストンの移動の方向が逆だからである。この力 F はピストンの面積 A と外圧 p_ex で書かれる。

$$p_\mathrm{ex} = \frac{F}{A}, \quad F = p_\mathrm{ex}A \tag{2-20}$$

この F を式（2-8）に代入して，$A\mathrm{d}z$ は気体の体積の微小変化 dV に等しいことに注意すると，次の式を得る。

$$\mathrm{d}w = -F\mathrm{d}z = -p_\mathrm{ex}A\mathrm{d}z = -p_\mathrm{ex}\mathrm{d}V \tag{2-21}$$

例題 2-17

外圧 $p_\mathrm{ex} = 1.013\times 10^5$ Pa のもとで，気体の体積を 1.0×10^{-6} m^3 だけ増加させた。このとき気体が仕事として受け取るエネルギーを求めよ。

答

方　針　式（2-21）を使う。

文字の定義　気体が仕事として受け取る微小なエネルギー dw，外圧の大きさ p_ex，微小な体積変化 dV

文字による計算　　d$w = -p_\mathrm{ex}\mathrm{d}V$

数値計算　　d$w = -[1.013\times 10^5 \text{ Pa}]\times [1.0\times 10^{-6} \text{ m}^3] = -0.10$ J

2-2-5　完全気体の等温可逆膨張

気体の膨張による仕事で最も重要な事項は，完全気体の等温可逆膨張の仕事である。前の節では外圧一定のもとでの膨張を考えた。膨張がゆっくり起こるときは，気体内部の圧力と外圧は等しい。そうした過程は可逆過程である。

$$p_\mathrm{ex} = p \quad \text{(可逆膨張)} \tag{2-22}$$

さらに完全気体の温度を一定に保つ条件のもとでは，微小変化の積み重ねを次のように計算できる。このように具体的に有限の変化をきちんと計算できる例は重要である。微小な変化を加え合わせることを数学では積分するという。すでに確立した数学の計算方法を使わない手はない。

例題 2-18

完全気体を，温度 T が一定の条件のもとで可逆的に体積 V_i から V_f まで膨張すると，気体はどれだけのエネルギーを受け取るか（添え字の i は初期の意味で，f は最終の意味である）。

答

方　針　式（2-21）に式（2-22）を適用し，体積について V_i から V_f まで積分する。

文字の定義　微小な体積変化 dV, 微小な体積変化に伴う仕事 dw, 温度 T, 圧力 p, 気体定数 R, 物質量 n

文字式による計算

まず式（2-21）に式（2-22）を適用すると

$$\mathrm{d}w = -p\mathrm{d}V \tag{2-23}$$

両辺を体積について V_i から V_f まで積分する。

$$\int_\mathrm{i}^\mathrm{f} \mathrm{d}w = -\int_{V_\mathrm{i}}^{V_\mathrm{f}} p\mathrm{d}V \tag{2-24}$$

左辺は仕事の有限の大きさの変化なので Δw と書く。右辺は p が V の関数と知られていれば積分できる。幸い完全気体なので，$p = nRT/V$ の式を代入して，定数を積分記号の外に出して次の式を得る。

$$\Delta w = -nRT \int_{V_\mathrm{i}}^{V_\mathrm{f}} \frac{1}{V} \mathrm{d}V = -nRT \left[\ln V\right]_{V_\mathrm{i}}^{V_\mathrm{f}} = -nRT \left(\ln V_\mathrm{f} - \ln V_\mathrm{i}\right) = -nRT \ln\left(\frac{V_\mathrm{f}}{V_\mathrm{i}}\right) \tag{2-25}$$

ここで e を底とする対数（自然対数）を ln と書いた。また対数関数 $\ln(x)$ の微分が $1/x$ であることを使った。対数関数 $\ln(x)$ の微分が $1/x$ であるため，$1/x$ を積分すると $\ln(x)$ になることがわかる。下の式で C は積分定数である。

$$\frac{\mathrm{d}}{\mathrm{d}x}\ln(x) = \frac{1}{x}, \quad \int \frac{1}{x}\mathrm{d}x = \ln(x) + C \tag{2-26}$$

また，対数の差は引数を分数にしてまとめることができることに注意（微分積分に慣れていない読者は付録の記事で練習すると良い）。

$$\ln(x) + \ln(y) = \ln(xy), \quad \ln(x) - \ln(y) = \ln\left(\frac{x}{y}\right) \tag{2-27}$$

自習問題 2-18

1 mol の完全気体を 298 K において，体積を 100 倍になるまで等温可逆膨張させると，この気体が仕事として受け取るエネルギーはいくらになるか。

2-2-6　完全気体の自由膨張

例題 2-19

熱的に遮断された容器に完全気体が入っている。完全気体の入った容器に同じ容積の真空の容器を接続し自由膨張させると，完全気体の温度はどのようになるか。

答

方　針　式（2-21）から考える。熱力学第一法則（式（2-18））を使う。

文字の定義　外圧 p_ex, 温度 T, 内部エネルギー U

文字式による計算　外部は真空だから外圧は 0 である（外圧が 0 の膨張を自由膨張という）。

$$p_{ex} = 0, \quad dw = -p_{ex}dV = 0$$

熱的に遮断されているから，熱としてのエネルギーの供給はない．

$$dq = 0, \quad dU = dq + dw = 0$$

結　論　内部エネルギーの変化がないので温度も変化しない．

2-2-7　実在気体の自由膨張

例題 2-20

熱的に遮断された容器に $T = 298$ K，密度が 0.50×10^{-3} kg m^{-3} のアルゴン気体が入っている．この気体の入った容器に同じ容積の真空の容器を接続し自由膨張させる．気体をファンデルワールス気体として扱って以下の問に答えよ．ファンデルワールス係数の値は $a = 0.1337$ Pa m^6 mol^{-2} である．

(1) この気体の密度はどのようになるか．
(2) この気体のモル内部エネルギー U_m はどのようになるか．
(3) この気体の温度はどのようになるか．

答

(1) 体積が二倍になるので密度は半分になる．
(2) 熱的に遮断されているから熱エネルギーの流入はない．真空への膨張なので仕事も 0 である．したがって系の内部エネルギーは変わらない．
(3) **文字の定義**　モル内部エネルギー U_m，温度 T，モル体積 V_m，気体定数 R，密度 d，モル質量 M，ファンデルワールス係数 a

文字式による計算　$U_m = \dfrac{3}{2}RT - \dfrac{a}{V_m}$

初めのモル体積を $V_m(1)$ と書くと，膨張後のモル体積 $V_m(2) = 2 \times V_m(1)$．相互作用項は膨張により増加するから，この増加分だけ運動エネルギーの項が減少し，全体で内部エネルギーが変化しないようにする．

$$\Delta\left(-\frac{a}{V_m}\right) = -\frac{a}{V_m(2)} - \left(-\frac{a}{V_m(1)}\right) = -\frac{a}{2V_m(1)} - \left(-\frac{a}{V_m(1)}\right) = \frac{a}{2V_m(1)}$$

$$\Delta\left(\frac{3}{2}RT\right) = \frac{3}{2}R\Delta T = -\Delta\left(-\frac{a}{V_m}\right) = -\frac{a}{2V_m(1)}$$

$$\Delta T = -\frac{2}{3R}\frac{a}{2V_m(1)} = -\frac{a}{3RV_m(1)}$$

数値計算

$d = M/V_m(1)$, $V_m(1) = M/d = [40 \times 10^{-3}$ kg mol$^{-1}] / [0.50 \times 10^3$ kg m$^{-3}] = 80 \times 10^{-6}$ m^3 mol^{-1}

$\Delta T = -[0.1337 \text{ Pa m}^6 \text{ mol}^{-2}]/\{3\times[8.31451 \text{ J K}^{-1} \text{ mol}^{-1}]\times[80\times10^{-6} \text{ m}^3 \text{ mol}^{-1}]\} = -67 \text{ K}$

答 67 K だけ温度は下がる。

解 説 ここではファンデルワールス気体として扱ったが，実在気体の断熱自由膨張でも，多くの場合この例のように温度が低下する。

自習問題 2-20

二酸化炭素気体では温度 T，モル体積 V_m の状態から断熱自由膨張で体積が 2 倍になったら，温度はどれだけ変わるか。ファンデルワールス気体として扱え。ファンデルワールス係数は a とする。

2-2-8 電気による加熱

熱測定のためには測定容器（カロリーメータ）の熱的特性をあらかじめ決める必要がある。この目的で，電流により測定容器に既知の熱エネルギー Q を加え，温度の上昇 ΔT を観測する。この測定から次のカロリーメータ定数 C を決定できる。

$$Q = C\Delta T \tag{2-28}$$

Part 1 で述べたように，電圧が V で電流が I の電流を時間 t 流し，このエネルギーをヒーターで熱エネルギーの形で供給すると，次の関係となる。

$$Q = IVt \tag{2-29}$$

例題 2-21

12 V の電源から 10 A の電流を 600 s の間流したところ，容器の温度が 6.0 K 上昇した。この熱測定容器のカロリメータ定数を求めよ。

答

方 針 カロリメータ定数 C を決める式（2-28）と供給される熱を決める式（2-29）に基づき計算する。

文字の定義 供給される熱量 Q，温度の上昇 ΔT，カロリメータ定数 C，電圧 V，電流 I，電気を通じた時間 t

文字式による計算 $Q = IVt = C\Delta T$ より $C = IVt/\Delta T$

数値計算 $C = [10 \text{ A}]\times[12 \text{ V}]\times[600 \text{ s}]/[6.0 \text{ K}] = 12 \text{ kJ K}^{-1}$

解 説 次の単位の関係を使用した。 1 AVs = 1 J

電気を使用するのは，制御・測定が容易だからである。

2-2-9 熱 測 定

例題 2-22

カロリメータ定数が 12 kJ K^{-1} の熱測定容器の中で，ある有機物を燃焼させた。このとき

温度は 2.0 K だけ上昇した。この時発生した熱量を求めよ。

答

方　針　式 (2-28) を使って計算する。
文字の定義　カロリメータ定数 C，供給された熱量 Q，温度上昇 ΔT
文字式による計算　$Q = C\Delta T$
条件値　$C = 12 \text{ kJ K}^{-1}$，$\Delta T = 2.0 \text{ K}$
数値計算　$Q = [12 \text{ kJ K}^{-1}] \times [2.0 \text{ K}] = 24 \text{ kJ}$

2-2-10　熱容量

系の温度が変わると分子系の内部エネルギーも変化する。容積を一定に保つ条件で温度を ΔT 上昇させ，内部エネルギーが ΔU だけ変化したとき次の量を定容熱容量 C_V という。

$$C_V = \lim_{\Delta T \to 0} \left(\frac{\Delta U}{\Delta T}\right)_V \tag{2-30}$$

また，右辺の極限値は数学では偏微分係数と呼ばれ，次の記号が使われる。

$$\left(\frac{\partial U}{\partial T}\right)_V = \lim_{\Delta T \to 0} \left(\frac{\Delta U}{\Delta T}\right)_V \tag{2-31}$$

この記号を使うと，定容熱容量は一般には次の式で定義される（偏微分の計算の練習を付録に用意した）。

$$C_V = \left(\frac{\partial U}{\partial T}\right)_V \tag{2-32}$$

1 mol 当たりの定量熱容量はモル定容熱容量と呼ばれ C_{Vm} と書く。

$$C_{Vm} = \frac{C_V}{n} = \left(\frac{\partial U_m}{\partial T}\right)_V \tag{2-33}$$

例題 2-23

単原子分子からなる完全気体のモル定容熱容量を求めよ。

答

方　針　式 (2-33) と式 (2-12) を使う。
文字の定義　モル定容熱容量 C_{Vm}，モル内部エネルギー U_m，温度 T
文字式による計算

$$U_m = \frac{3}{2}RT, \quad C_{Vm} = \left(\frac{\partial U_m}{\partial T}\right)_V = \left(\frac{\partial}{\partial T}\frac{3}{2}RT\right)_V = \frac{3}{2}R$$

自習問題 2-23

一般の多原子分子からなる完全気体のモル定容熱容量を求めよ。

2-2-11 エンタルピー

エンタルピー H は内部エネルギー U に pV を加えた量である。

$$H = U + pV \tag{2-34}$$

例題 2-24

エンタルピー H の変化量が一定圧力のもとでは系に供給される熱を与えることを示せ。

答

方 針 式（2-34）と熱力学第一法則（式（2-18））を使う。

文字の定義 内部エネルギーの微小量変化 dU，エンタルピーの微小量変化 dH，

圧力の微小な変化 dp，体積の微小な変化 dV，分子系に供給される微小な熱量 dq，

分子系が受けとる微小系仕事 dw

文字式による計算

式（2-34）の両辺の微小な変化を考える。

$$dH = dU + d(pV)$$

右辺第二項は関数の積になっているから，積の微分を計算して次のようになる。

$$dH = dU + Vdp + pdV$$

dU には熱力学第一法則を代入する。

$$dH = dq + dw + Vdp + pdV$$

dw には膨張による仕事の式（2-23）を代入する。

$$dH = dq - pdV + Vdp + pdV$$

ここで打ち消し合いがあり，また圧力一定の条件から $dp = 0$ を代入すると次の式を得る。

$$dH = dq$$

2-2-12 エンタルピーの温度変化

エンタルピーの温度変化は，次の式で定義される定圧熱容量 C_p で記述される。

$$C_p = \left(\frac{\partial H}{\partial T}\right)_p \tag{2-35}$$

このように微分係数で系を特徴付ける方法がとられるのは，定圧熱容量が分かれば積分を用いて，有限の温度変化に対してエンタルピーがどれだけ変わるかを計算できるからである。この式から，圧力一定の条件のもとで，温度を横軸にとり，エンタルピーを縦軸にとった時の接線の傾きを C_p が与えていることが分かる。そこで，温度が少し増加したときのエンタルピーの変化量は次の式で書くこと

ができる。

$$dH = \left(\frac{\partial H}{\partial T}\right)_p dT = C_p dT \tag{2-36}$$

両辺を積分すると

$$\Delta H = \int_{T_i}^{T_f} C_p dT \tag{2-37}$$

例題 2-25

モル定圧熱容量が次の式で与えられた。温度 T_i から T_f までの変化で，モルエンタルピーはどれだけ変化するかを求めよ。

$$C_{pm} = a + bT + \frac{c}{T^2} \tag{2-38}$$

答

方 針 式 (2-37) に与えられた熱容量の式 (2-38) を代入する。

文字の定義 温度 T，モル定圧熱容量 C_{pm}，モルエンタルピー変化 ΔH_m，初期温度 T_i，最終温度 T_f

文字式による計算

$$\Delta H_m = \int_{T_i}^{T_f} C_{pm} dT = \int_{T_i}^{T_f} \left(a + bT + \frac{c}{T^2}\right) dT = \left[aT + \frac{b}{2}T^2 - \frac{c}{T}\right]_{T_i}^{T_f}$$

$$= a(T_f - T_i) + \frac{b}{2}(T_f^2 - T_i^2) - c\left(\frac{1}{T_f} - \frac{1}{T_i}\right)$$

積分に慣れていない読者のために，付録でやさしい積分の方法を練習する。

自習問題 2-25

固体のモル定圧熱容量が次の式で与えられたとする。温度 0 K から T_0 までの変化で，モルエンタルピーはどれだけ変化するかを求めよ。

$$C_{pm} = 3R\left(1 - e^{-T/T_0}\right)$$

2-2-13 完全気体の断熱可逆膨張

さきに断熱自由膨張を扱ったが，これは圧力 0 の真空への膨張なので，取り扱いが簡単な特殊な不可逆過程の例である。そこで，ここでは一般の断熱可逆膨張を調べる。

例題 2-26

温度と体積が (T_i, V_i) の状態から断熱変化で (T_f, V_f) の状態へ可逆的に膨張したとする。ここで T_i, V_i, V_f が与えられたとき，T_f を求めよ。

答

温度も体積も変化するので，一度にこの変化を取り扱うのは難しい。このようなときは，片方の変数は止めて一方だけ変化させる。次に先に止めた変数だけを変化させる。この微小な変化をまず求め，あとでそれを積み重ねて有限の変化を調べる。

まず第一段階として，一定温度 T のもとで体積を微小な量 dV だけ可逆的に増加させる。この等温膨張によって，気体のする仕事は次のように書くことができる。ここで，圧力 p はこの微小変化を考えているステップごとの初期状態での圧力である。

$$dw = -pdV \tag{2-39}$$

完全気体なので内部エネルギーは変わらないことから，次のように第一法則を書くことができる。

$$dU = dq + dw = dq - pdV = 0 \quad (dT = 0における変化)$$
$$\therefore dq = pdV \tag{2-40}$$

次に，第二段階の一定体積における温度変化を考える。この問題では断熱膨張を考えているから，過程全体を通して熱の授受はない。従って第二段階では，第一段階で流入した熱量 dq を打ち消すよう，$-dq$ の熱量が流入すると考えればよい。第二段階では体積一定で温度が下がるので，熱量は定容熱容量 C_V と温度変化 dT で書くことができる。ここから，次の積分しやすい形の式が導かれる。

$$-dq = C_V dT = -pdV \tag{2-41}$$

完全気体の状態方程式で p を書き換えておく。

$$C_V dT = -\frac{nRT}{V} dV \tag{2-42}$$

両辺を積分する目的で，T は左辺に V は右辺に集める。

$$C_V \frac{dT}{T} = -nR \frac{dV}{V} \tag{2-43}$$

ここで，完全気体では定容熱容量は温度によらないと見なすことができるから，次のように積分できる。

$$C_V \ln\left(\frac{T_f}{T_i}\right) = -nR \ln\left(\frac{V_f}{V_i}\right) \tag{2-44}$$

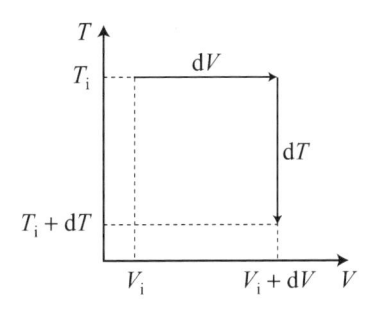

図 2-10 断熱膨張のための分割された微小な状態変化

係数を右辺に集めて

$$\ln\left(\frac{T_f}{T_i}\right) = \frac{nR}{C_V}\ln\left(\frac{V_i}{V_f}\right) \tag{2-45}$$

対数の性質から，係数は対数関数の中のべきとして移すことができる。

$$\ln\left(\frac{T_f}{T_i}\right) = \ln\left\{\left(\frac{V_i}{V_f}\right)^{\frac{nR}{C_V}}\right\} \tag{2-46}$$

従って

$$T_f = T_i\left(\frac{V_i}{V_f}\right)^{\frac{nR}{C_V}} \tag{2-47}$$

自習問題 2-26

アルゴン気体を完全気体として扱い，体積が10倍になったら，温度は初期温度の何倍になるかを計算せよ。

2-2-14 完全気体の断熱可逆膨張による内部エネルギーとエンタルピー変化

例題 2-27

例題 2-26 の断熱可逆膨張による，単原子からなる完全気体の内部エネルギーとエンタルピーの変化量を求めよ。

答

それぞれ，終状態での値から初期状態での値を引く。まず内部エネルギー変化 ΔU は

$$\Delta U = U_f - U_i = \frac{3}{2}nRT_f - \frac{3}{2}nRT_i = \frac{3}{2}nR(T_f - T_i) \tag{2-48}$$

ただし T_f は式 (2-47) の通りである。次にエンタルピー変化 ΔH は

$$\Delta H = H_f - H_i = (U_f + p_f V_f) - (U_i + p_i V_i) = \Delta U + p_f V_f - p_i V_i \tag{2-49}$$

完全気体の状態方程式より

$$\Delta H = \Delta U + nRT_f - nRT_i = \frac{3}{2}nR(T_f - T_i) + nR(T_f - T_i) = \frac{5}{2}nR(T_f - T_i) \tag{2-50}$$

自習問題 2-27

例題 2-27 の断熱可逆膨張による，単原子からなる完全気体の仕事と熱を求めよ。

2-2-15 断熱線

例題 2-28

断熱可逆膨張における圧力と温度と体積の関係を求めよ。このときの圧力と体積の関係を断熱線という。

答

例題 2-26 に完全気体の状態方程式を組み合わせる。完全気体の状態方程式から

$$\frac{p_\mathrm{f} V_\mathrm{f}}{p_\mathrm{i} V_\mathrm{i}} = \frac{T_\mathrm{f}}{T_\mathrm{i}} \tag{2-51}$$

例題で求めたように

$$\frac{T_\mathrm{f}}{T_\mathrm{i}} = \left(\frac{V_\mathrm{f}}{V_\mathrm{i}}\right)^{\frac{nR}{C_V}} \tag{2-52}$$

以上の二式を組み合わせると

$$\frac{p_\mathrm{f} V_\mathrm{f}}{p_\mathrm{i} V_\mathrm{i}} = \left(\frac{V_\mathrm{f}}{V_\mathrm{i}}\right)^{\frac{R}{C_V}} \quad \therefore \quad \frac{p_\mathrm{f}}{p_\mathrm{i}} = \left(\frac{V_\mathrm{f}}{V_\mathrm{i}}\right)^{\frac{R}{C_V} - 1} \tag{2-53}$$

自習問題 2-28

単原子分子気体について式 (2-53) の断熱線をグラフで示せ。縦軸には $p_\mathrm{f}/p_\mathrm{i}$ をとり，横軸に $V_\mathrm{f}/V_\mathrm{i}$ を選ぶ。またこれを完全気体の温度一定の時の $p_\mathrm{f}/p_\mathrm{i}$ 対 $V_\mathrm{f}/V_\mathrm{i}$ のグラフ（等温線という）と比較せよ。

2-2-16 完全気体の膨張率

膨張率 α とは，物質が温度上昇に伴いどの程度体積が増えるかを示す量である。次の式で定義される。

$$\alpha = \frac{1}{V}\left(\frac{\partial V}{\partial T}\right)_p \tag{2-54}$$

例題 2-29

完全気体の膨張率を求めよ。

答

方 針 定義式と完全気体の状態方程式を使う。

文字の定義 膨張率 α，体積 V，温度 T，圧力 p，物質量 n

文字式による計算 完全気体の状態方程式から体積を求め，定義式 (2-54) に代入する。定数は微分記号の外に出す。

$$\alpha = \frac{1}{V}\left(\frac{\partial V}{\partial T}\right)_p = \frac{1}{V}\left(\frac{\partial}{\partial T}\frac{nRT}{p}\right)_p = \frac{nR}{pV}\left(\frac{\partial}{\partial T}T\right)_p = \frac{nR}{pV} = \frac{nR}{nRT} = \frac{1}{T} \tag{2-55}$$

最後の段階で分母に pV が現れたので，これを nRT に置き換えた。

自習問題 2-29

温度 298 K の完全気体の膨張率を計算せよ。

2-2-17 完全気体の等温圧縮率

圧縮率とは，物質が加圧によってどの程度体積が減少するかを示す量である。等温圧縮率 κ_T は一定温度のもとでの圧縮率で，次の式で定義される。

$$\kappa_T = -\frac{1}{V}\left(\frac{\partial V}{\partial p}\right)_T \tag{2-56}$$

例題 2-30

完全気体の等温圧縮率を求めよ。

答

方　針　完全気体の状態方程式と等温圧縮率の定義式により求める。

文字の定義　等温圧縮率 κ_T，体積 V，温度 T，圧力 p，物質量 n

文字式による計算　完全気体の状態方程式から体積を求め，定義式 (2-56) に代入する。

$$\kappa_T = -\frac{1}{V}\left(\frac{\partial V}{\partial p}\right)_T = -\frac{1}{V}\left(\frac{\partial}{\partial p}\frac{nRT}{p}\right)_T = -\frac{nRT}{V}\left(\frac{\partial}{\partial p}\frac{1}{p}\right)_p = -p\left(\frac{-1}{p^2}\right) = \frac{1}{p} \tag{2-57}$$

自習問題 2-30

圧力 1×10^5 Pa の完全気体の等温圧縮率の値を求めよ。

2-2-18 実在気体の膨張率

例題 2-31

ファンデルワールス気体の膨張率を求めよ。

答

方　針　定義式とファンデルワールス気体の状態方程式を使う。

文字の定義　膨張率 α，モル体積 V_m，温度 T，圧力 p

文字式による計算　ファンデルワールス気体の状態方程式

$$p = \frac{RT}{V_m - b} - \frac{a}{V_m^2} \tag{2-7}$$

は，ただちに $\left(\dfrac{\partial V}{\partial T}\right)_p$ を計算するのは難しい形をしている。膨張率とは体積と温度の変化に関する量であるから，次のように体積と温度がそれぞれ充分微小な増加 dV_m と dT をした場合の変化を，偏微分により両辺で求める。

$$dp = \left(\frac{\partial}{\partial V_\mathrm{m}}\left(\frac{RT}{V_\mathrm{m}-b}-\frac{a}{V_\mathrm{m}^2}\right)\right)_T dV_\mathrm{m} + \left(\frac{\partial}{\partial T}\left(\frac{RT}{V_\mathrm{m}-b}-\frac{a}{V_\mathrm{m}^2}\right)\right)_{V_\mathrm{m}} dT$$
$$= \left(\frac{-RT}{(V_\mathrm{m}-b)^2}+\frac{2a}{V_\mathrm{m}^3}\right)dV_\mathrm{m} + \frac{R}{V_\mathrm{m}-b}dT \tag{2-58}$$

これを，有限ではあるが小さな変化量 ΔV_m, ΔT, Δp で改めて書く。

$$\Delta p = \left(\frac{-RT}{(V_\mathrm{m}-b)^2}+\frac{2a}{V_\mathrm{m}^3}\right)\Delta V_\mathrm{m} + \frac{R}{V_\mathrm{m}-b}\Delta T \tag{2-59}$$

ここで両辺を ΔT で割る。

$$\frac{\Delta p}{\Delta T} = \left(\frac{-RT}{(V_\mathrm{m}-b)^2}+\frac{2a}{V_\mathrm{m}^3}\right)\frac{\Delta V_\mathrm{m}}{\Delta T} + \frac{R}{V_\mathrm{m}-b} \tag{2-60}$$

この式で，圧力は一定だから $\Delta p = 0$ と考え，ΔT が 0 に近づく極限をとる。

$$0 = \left(\frac{-RT}{(V_\mathrm{m}-b)^2}+\frac{2a}{V_\mathrm{m}^3}\right)\left(\frac{\partial V_\mathrm{m}}{\partial T}\right)_p + \frac{R}{V_\mathrm{m}-b} \tag{2-61}$$

圧力一定の条件の下で ΔT が 0 に近づく極限をとったので，偏微分の記号に変わった。この式から必要な偏微分係数を求めることができる。

$$\left(\frac{-RT}{(V_\mathrm{m}-b)^2}+\frac{2a}{V_\mathrm{m}^3}\right)\left(\frac{\partial V_\mathrm{m}}{\partial T}\right)_p = \frac{-R}{V_\mathrm{m}-b}, \quad \left(\frac{\partial V_\mathrm{m}}{\partial T}\right)_p = \frac{\dfrac{-R}{V_\mathrm{m}-b}}{\dfrac{-RT}{(V_\mathrm{m}-b)^2}+\dfrac{2a}{V_\mathrm{m}^3}} \tag{2-62}$$

膨張率の定義式（2-54）の分子分母を物質量 n で割って，モル体積を使った膨張率の式に変形して

$$\alpha = \frac{1}{V_\mathrm{m}}\left(\frac{\partial V_\mathrm{m}}{\partial T}\right)_p \tag{2-63}$$

上の偏微分を代入して次の膨張率を得る。

$$\alpha = \frac{1}{V_\mathrm{m}} \frac{\dfrac{-R}{V_\mathrm{m}-b}}{\dfrac{-RT}{(V_\mathrm{m}-b)^2}+\dfrac{2a}{V_\mathrm{m}^3}} \tag{2-64}$$

自習問題 2-31

例題 2-31 で得た式で $a = b = 0$ とすると，完全気体の膨張率が得られることを示せ．

2-2-19 実在気体の等温圧縮率

例題 2-32

ファンデルワールス気体の等温圧縮率を求めよ．

答

方　針　定義式とファンデルワールス気体の状態方程式を使う．

文字の定義　等温圧縮率 κ_T，モル体積 V_m，温度 T，圧力 p

文字式による計算　ファンデルワールス気体の状態方程式

$$p = \frac{RT}{V_\mathrm{m} - b} - \frac{a}{V_\mathrm{m}^2} \tag{2-7}$$

を見ると，偏微分係数 $\left(\dfrac{\partial p}{\partial V_\mathrm{m}}\right)_T$ を計算しやすい形であることが分かる．等温圧縮率のために必要な偏微分係数はこれの逆数をとって求めることができる．そこで状態方程式を温度一定の元でモル体積で微分して

$$\left(\frac{\partial p}{\partial V_\mathrm{m}}\right)_T = \frac{-RT}{(V_\mathrm{m} - b)^2} + \frac{2a}{V_\mathrm{m}^3} \tag{2-65}$$

逆数をとって

$$\left(\frac{\partial V_\mathrm{m}}{\partial p}\right)_T = \frac{1}{\dfrac{-RT}{(V_\mathrm{m} - b)^2} + \dfrac{2a}{V_\mathrm{m}^3}} \tag{2-66}$$

モル体積で表した等温圧縮率の式

$$\kappa_T = \frac{-1}{V_\mathrm{m}} \left(\frac{\partial V_\mathrm{m}}{\partial p}\right)_T \tag{2-67}$$

に代入して

$$\kappa_T = \frac{-1}{V_\mathrm{m}} \frac{1}{\dfrac{-RT}{(V_\mathrm{m} - b)^2} + \dfrac{2a}{V_\mathrm{m}^3}} \tag{2-68}$$

自習問題 2-32

例題 2-32 で得た式で $a = b = 0$ とすると，完全気体の等温圧縮率が得られることを示せ．

2-2-20 気体の膨張率のグラフ

例題 2-33

換算変数を用いたファンデルワールス状態方程式で膨張率を求め，温度 $T_\mathrm{r} = 2$，1，0.5 の

場合のグラフを描け。横軸は V_r とする。

答

$$p_r = \frac{8T_r}{3V_r - 1} - \frac{3}{V_r^2}, \quad dp_r = \left(\frac{-3 \times 8T_r}{(3V_r - 1)^2} + \frac{6}{V_r^3}\right)dV_r + \frac{8 dT_r}{3V_r - 1}$$

$$\left(\frac{\partial V_r}{\partial T_r}\right)_p = \frac{\dfrac{-8}{3V_r - 1}}{\dfrac{-24T_r}{(3V_r - 1)^2} + \dfrac{6}{V_r^3}}, \quad \alpha = \frac{1}{V_r}\frac{\dfrac{-8}{3V_r - 1}}{\dfrac{-24T_r}{(3V_r - 1)^2} + \dfrac{6}{V_r^3}}$$

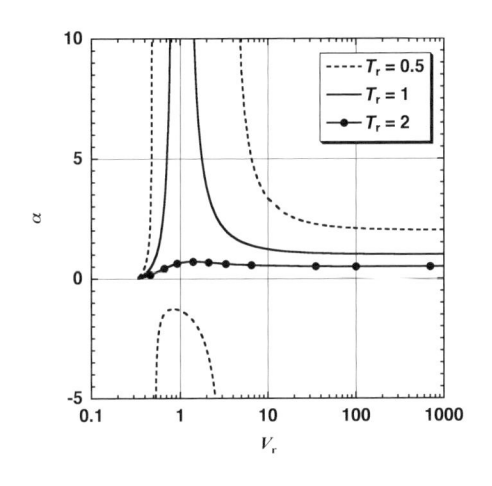

図 2-11 ファンデルワールス気体の膨張率

自習問題 2-33

例題 2-33 のグラフと完全気体の膨張率のグラフを比較せよ。

2-2-21 気体の等温圧縮率のグラフ

例題 2-34

換算変数を用いたファンデルワールス状態方程式で等温圧縮率を求め，温度 $T_r = 2, 1, 0.5$ の場合のグラフを描け。横軸は V_r とする。

答

$$\kappa_T = \frac{-1}{V_r}\left(\frac{\partial V_r}{\partial p_r}\right)_T = \frac{-1}{V_r}\frac{1}{\left(\dfrac{\partial p_r}{\partial V_r}\right)_T} = \frac{-1}{V_r}\frac{1}{\dfrac{-24T_r}{(3V_r - 1)^2} + \dfrac{6}{V_r^3}}$$

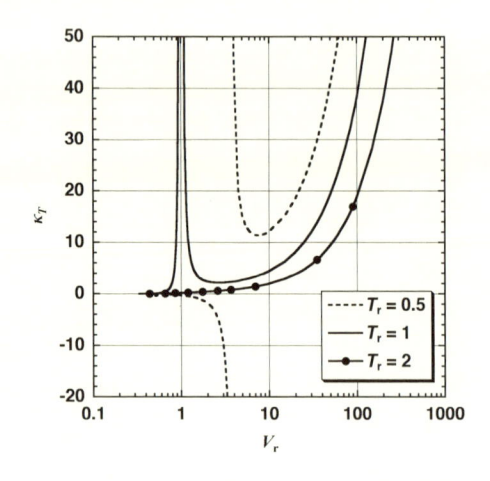

図 2-12　ファンデルワールス気体の等温圧縮率

自習問題 2-34

例題 2-34 のグラフと完全気体の等温圧縮率のグラフを比較せよ。

2-2-22　エンタルピーの温度依存性

例題 2-35

一定体積のもとでのエンタルピーの温度依存性は次の式で与えられることを証明せよ。

$$\left(\frac{\partial H}{\partial T}\right)_V = \left(1 - \frac{\alpha\mu}{\kappa_T}\right)C_p \tag{2-69}$$

ここで，μ は次の式で定義されるジュール－トムソン係数である。

$$\mu = \left(\frac{\partial T}{\partial p}\right)_H \tag{2-70}$$

答

エンタルピーを圧力と温度の関数と考えて完全微分をとり出発点とする。

$$dH = \left(\frac{\partial H}{\partial p}\right)_T dp + \left(\frac{\partial H}{\partial T}\right)_p dT \tag{2-71}$$

第二項の係数は，式（2-35）の通り定圧熱容量である。

$$dH = \left(\frac{\partial H}{\partial p}\right)_T dp + C_p dT \tag{2-72}$$

両辺を dT で割り，変化に体積一定の条件を課す。偏微分の記号に変わる。

$$\left(\frac{\partial H}{\partial T}\right)_V = \left(\frac{\partial H}{\partial p}\right)_T \left(\frac{\partial p}{\partial T}\right)_V + C_p \tag{2-73}$$

右辺の第二因子の偏微分は，次の方法で膨張率と関連付けることができる．偏微分係数の連鎖式を書くと

$$\left(\frac{\partial p}{\partial T}\right)_V \left(\frac{\partial T}{\partial V}\right)_p \left(\frac{\partial V}{\partial p}\right)_T = -1 \tag{2-74}$$

この式から，求めたい偏微分係数は次のように求められる．

$$\left(\frac{\partial p}{\partial T}\right)_V = -\frac{1}{\left(\frac{\partial T}{\partial V}\right)_p \left(\frac{\partial V}{\partial p}\right)_T} \tag{2-75}$$

偏微分係数の転置をとって

$$\left(\frac{\partial p}{\partial T}\right)_V = -\frac{\left(\frac{\partial V}{\partial T}\right)_p}{\left(\frac{\partial V}{\partial p}\right)_T} = \frac{\frac{1}{V}\left(\frac{\partial V}{\partial T}\right)_p}{\frac{-1}{V}\left(\frac{\partial V}{\partial p}\right)_T} = \frac{\alpha}{\kappa_T} \tag{2-76}$$

また，式 (2-73) 右辺の第一因子の偏微分係数についても連鎖式を書くと

$$\left(\frac{\partial H}{\partial p}\right)_T \left(\frac{\partial p}{\partial T}\right)_H \left(\frac{\partial T}{\partial H}\right)_p = -1 \tag{2-77}$$

これから求めたい偏微分係数を書くと

$$\left(\frac{\partial H}{\partial p}\right)_T = -\frac{1}{\left(\frac{\partial p}{\partial T}\right)_H \left(\frac{\partial T}{\partial H}\right)_p} \tag{2-78}$$

分母にある偏微分係数を分子へ移すと

$$\left(\frac{\partial H}{\partial p}\right)_T = -\left(\frac{\partial T}{\partial p}\right)_H \left(\frac{\partial H}{\partial T}\right)_p = -\mu C_p \tag{2-79}$$

式 (2-73) へこれらの結果を代入して

$$\left(\frac{\partial H}{\partial T}\right)_V = -\mu C_p \frac{\alpha}{\kappa_T} + C_p \tag{2-80}$$

従って，エンタルピーの温度依存性は式 (2-69) で与えられる．

2-2-23 ジュール-トムソン効果

例題 2-36

断熱条件で多孔質の壁を通して高温高圧の気体を流すと，通常低温低圧の気体が得られる．これをジュール-トムソン効果という．この過程はエンタルピー一定の過程であることを示せ．

> **答**
>
> **方　針**　熱力学第一法則において断熱条件を使う。
>
> **文字の定義**　高圧室の圧力，体積，温度を V_i，p_i，T_i とし，低圧室では V_f，p_f，T_f と書く。
>
> **文字式による計算**　高圧室では，気体は V_i から等温のもとで一定圧力 p_i で圧縮され体積 0 になると考える。この過程において，気体になされた仕事は
>
> $$-p_i(0 - V_i) \tag{2-81}$$
>
> 低圧室では，体積は 0 から V_f まで一定圧力 p_f のもとで膨張する。この過程で気体になされた仕事は
>
> $$-p_f(V_f - 0) \tag{2-82}$$
>
> 全体の仕事はこれらの和であるから，熱力学第一法則より（断熱過程だから熱量 $q = 0$）
>
> $$U_f - U_i = w = p_i V_i - p_f V_f \tag{2-83}$$
>
> つまり
>
> $$U_i + p_i V_i = U_f + p_f V_f, \quad \therefore H_i = H_f \tag{2-84}$$
>
> 式（2-79）の偏微分係数は等温ジュール-トムソン係数 μ_T と呼ばれる。この等温ジュール-トムソン係数の方が，実験から値を決めやすい。
>
> $$\mu_T = \left(\frac{\partial H}{\partial p}\right)_T = -\mu C_p \tag{2-85}$$

2-3　熱力学第二法則と熱力学第三法則

2-3-1　完全気体の等温可逆膨張のエントロピー変化

ここで新たな熱力学量エントロピー S を学ぶ。物体は熱エネルギーを貰うとエネルギーが高くなり，その高エネルギーは外部に対して仕事に利用できる可能性がある。どの程度利用できるかを考察する目的で，まずエントロピーを導入する。エントロピーの意味は，例題を解く過程で徐々に学ぶことにする。

温度が T の分子系が可逆過程で微小な熱 dq_{rev} を受け取ると，分子系のエントロピー S が次の量だけ増加する。

$$dS = \frac{dq_{rev}}{T} \tag{2-86}$$

これは無限小の変化についての式であるが，有限の変化についてはこの式を積分すればよい。

$$\Delta S = \int_i^f \frac{dq_{rev}}{T} \tag{2-87}$$

例題 2-37

温度 T の完全気体が体積 V_i から V_f まで等温可逆膨張するときのエントロピー変化を求めよ。

答

方　針　完全気体についての微小な等温膨張から熱 dq を見積もり，これを式（2-87）のように積分する。

文字の定義　初期体積 V_i，最終体積 V_f，温度 T，可逆過程の微小な熱 dq_{rev}，等温膨張の微小な仕事 dw，熱の流入にともなう微小なエントロピー変化 dS

文字式による計算　まず一定温度で体積が微小な増加をするときの仕事 dw は

$$dw = -pdV = -\frac{nRT}{V}dV \tag{2-88}$$

この過程に熱力学第一法則を使い，完全気体の内部エネルギー U は体積によらないことを書くと

$$dU = dq_{\text{rev}} - \frac{nRT}{V}dV = 0, \quad \therefore dq_{\text{rev}} = \frac{nRT}{V}dV \tag{2-89}$$

式（2-86）に代入して

$$dS = \frac{dq_{\text{rev}}}{T} = \frac{1}{T}\frac{nRT}{V}dV = \frac{nR}{V}dV \tag{2-90}$$

この式を積分する。

$$\Delta S = \int_{V_i}^{V_f} \frac{nR}{V}dV = nR\int_{V_i}^{V_f} \frac{1}{V}dV = nR\left[\ln V\right]_{V_i}^{V_f} = nR(\ln V_f - \ln V_i) = nR\ln\frac{V_f}{V_i} \tag{2-91}$$

自習問題 2-37

気体のモル体積が 1000 倍になると，エントロピーはどれだけ増加するか。

2-3-2　定圧加熱による分子系のエントロピー変化

例題 2-38

圧力 p のもとで分子系を加熱し，温度が T_i から T_f まで変化した。この過程における分子系のエントロピー変化を求めよ。

答

方　針　一定圧力のもとでの加熱による熱の流入量は定圧熱容量を使って表すことができる。この熱を使ってエントロピー変化の定義式により計算する。

文字の定義　初期温度 T_i，最終温度 T_f，定圧熱容量 C_p，可逆過程の微小な熱 dq_{rev}，熱の流入にともなう微小なエントロピー変化 dS

文字式による計算　一定圧力のもとで温度が微少量 dT だけ増加すると，次の量だけ熱が流入する。

$$dq_{\text{rev}} = C_p dT \tag{2-92}$$

この熱の流入に伴うエントロピー変化は

$$dS = \frac{C_p dT}{T} \tag{2-93}$$

両辺を積分すると

$$\Delta S = \int_{T_i}^{T_f} \frac{C_p}{T} dT \tag{2-94}$$

自習問題 2-38

単原子分子からなる完全気体を定圧のもとで加熱したときのエントロピー変化の式を求めよ。

2-3-3 完全気体の体積と温度を変えたときのエントロピー変化

例題 2-39

温度と体積が (T_i, V_i) から (T_f, V_f) まで変わったとき,エントロピーはどれだけ変わるか。

答

方 針 エントロピーの変化量は経路によらない(証明は後で行う)。そこで計算しやすい経路を選ぶ。たとえば T_i の温度で体積を V_i から V_f まで変え,次に V_f において T_i から T_f まで温度を変える。V_f における加熱では定容熱容量を用いる。解の部分は省略。

2-3-4 加熱による完全気体のエントロピー変化のグラフ

例題 2-40

単原子分子気体,直線型分子気体,一般の多原子分子気体をそれぞれ剛体分子(内部運動がない)の完全気体と仮定して,定圧のもとで加熱したときのモルエントロピーの温度変化をグラフで比較せよ。

答

方 針 これらの分子の定圧熱容量は剛体分子と仮定した完全気体では定数である。

文字の定義 モル定圧熱容量 C_{pm},温度 T,モルエントロピー変化 ΔS_m

文字式による計算 完全気体のエンタルピーの温度微分から以下のモル定圧熱容量を得る。

単原子分子気体　$C_{pm} = (3/2)R + R = (5/2)R$

剛体分子と仮定した直線型分子気体　$C_{pm} = (5/2)R + R = (7/2)R$

剛体分子と仮定した一般の多原子分子気体　$C_{pm} = 3R + R = 4R$

$$\Delta S_m = \int_{T_i}^{T_f} \frac{C_{pm}}{T} dT = C_{pm} \int_{T_i}^{T_f} \frac{1}{T} dT = C_{pm} \left[\ln T\right]_{T_i}^{T_f} = C_{pm} \ln \frac{T_f}{T_i} \tag{2-95}$$

グラフは縦軸を $\Delta S_m / R$,横軸を T_f / T_i に選ぶと汎用性のあるグラフになる。解の部分は省略。

自習問題 2-40

単原子分子完全気体を 10 K から 500 K まで加熱したときのエントロピー変化の温度依存性をグラフで示せ。

2-3-5 カルノーサイクル

状態点 A (V_A, p_A, T_h) の完全気体を高温の熱源（温度 T_h）に接触させて等温可逆膨張で状態点 B (V_B, p_B, T_h) へ移した後，断熱可逆膨張させて状態点 C (V_C, p_C, T_c) へ移動させる。次に低温の熱源（温度 T_c）に接触させ等温可逆的に圧縮して状態点 D (V_D, p_D, T_c) へ移し，最後に断熱可逆圧縮により最初の状態 A へ戻すことを考える。この過程をカルノーサイクルといい，熱エンジンの例である。図 2-13 に，状態の変化を縦軸を圧力，横軸を体積として示した。

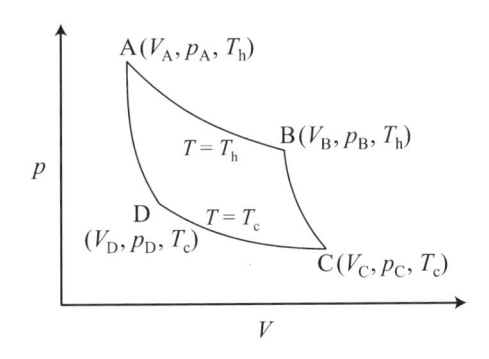

図 2-13 カルノーサイクル

例題 2-41

(1) このサイクルでのエントロピー変化は 0 であることを示せ。
(2) このサイクルから得られる仕事を求めよ。
(3) 高温の熱源からこの気体に供給される熱を求めよ。
(4) 次の式で，この熱エンジンの効率を求めよ。

$$\text{効率 } \varepsilon = \frac{\text{得られる仕事}}{\text{熱として供給されるエネルギー}} \tag{2-96}$$

答

方針 完全気体についての等温可逆膨張によるエントロピー変化は，例題 2-37 で既に求めたので，それを使用する。等温可逆圧縮にも同じ式が使える（$V_f < V_i$ が圧縮に対応する）。サイクル全体のエントロピー変化は，四つの段階のエントロピー変化を加えればよい。

文字の定義 体積 V, 温度 T, エントロピー変化 ΔS

文字式による計算

(1) 最初の等温可逆膨張によるエントロピー変化は

$$\Delta S(1) = nR \ln \frac{V_B}{V_A} \tag{2-97}$$

第三ステップの等温可逆圧縮によるエントロピー変化は

$$\Delta S(3) = nR \ln \frac{V_D}{V_C} \tag{2-98}$$

第二と第四ステップの断熱過程では，熱の出入りがないからエントロピー変化はない。ゆえに，全体のエントロピー変化は

$$\Delta S = \Delta S(1) + \Delta S(3) = nR \ln \frac{V_B}{V_A} + nR \ln \frac{V_D}{V_C} = nR \ln \frac{V_B V_D}{V_A V_C} \tag{2-99}$$

ここで，断熱膨張の式（2-47）を扱いやすい形に変形して，対数関数の引数が 1 であることがわかる。

$$\frac{T_f}{T_i} = \left(\frac{V_i}{V_f}\right)^{\frac{nR}{C_V}}, \quad \left(\frac{T_c}{T_h}\right)^{\frac{C_V}{nR}} = \frac{V_B}{V_C}, \quad \frac{V_B}{V_C} \times \frac{V_D}{V_A} = \left(\frac{T_c}{T_h}\right)^{\frac{C_V}{nR}} \times \left(\frac{T_h}{T_c}\right)^{\frac{C_V}{nR}} = 1 \tag{2-100}$$

従って式（2-99）の対数部分は 0 となり，$\Delta S = 0$ である。

(2) 仕事は，第一ステップと第三ステップの仕事の和をとればよい。

$$w = nRT_h \ln \frac{V_B}{V_A} + nRT_c \ln \frac{V_D}{V_C} \tag{2-101}$$

(3) 高温の熱源から供給される熱は，第一ステップの熱である。

$$q_h = nRT_h \ln \frac{V_B}{V_A} \tag{2-102}$$

(4) 効率は

$$\varepsilon = \frac{w}{q_h} = \frac{nRT_h \ln \frac{V_B}{V_A} + nRT_c \ln \frac{V_D}{V_C}}{nRT_h \ln \frac{V_B}{V_A}} = 1 - \frac{T_c}{T_h} \quad \because \frac{V_D}{V_C} = \frac{V_A}{V_B} \tag{2-103}$$

最後に使った体積の関係は，式（2-100）にある。

例題 2-42

カルノーサイクルで，各熱源から供給される熱の比を求めよ。

答

前問を参考にして，次の式が導かれる。

$$\frac{q_h}{q_c} = \frac{nRT_h \ln \frac{V_B}{V_A}}{nRT_c \ln \frac{V_D}{V_C}} = -\frac{T_h}{T_c} \tag{2-104}$$

2-3-6 熱力学第二法則

熱力学第二法則の述べ方は各種ある。ここでは次の表現を採用する。
「熱源から熱を吸収して、そのエネルギーを全て仕事に変換するだけで、ほかの結果を残さない過程は実現不可能である。」

例題 2-43

熱力学第二法則を使って、どんな構成であっても可逆熱エンジンは全て同じ効率を持つことを示せ。

答

熱効率の異なる二つのエンジンが存在すると仮定する。エンジン A は熱効率 40% で、高温の熱源から 100 J の熱を貰うと 40 J は仕事へ、60 J は低温の熱源へ流れる。一方エンジン B は熱効率が 20% で、75 J の熱を貰うと 15 J は仕事へ、60 J は低温の熱源へ流れる。この二つのエンジンを接続し、エンジン B を逆に運転する系を考えると、系に流入する熱量は 100 J − 75 J = 25 J、系がする仕事は 40 J − 15 J = 25 J となり、流入する熱量がそのまま仕事に変換されていることになる。従って、このような系は熱力学第二法則に反するので、熱効率の異なるエンジンは存在できない。

2-3-7 状態関数

例題 2-44

例題 2-41 で、カルノーサイクルではサイクル全体のエントロピー変化は 0 であることが示された。また 例題 2-43 から、カルノーサイクルの効率が全ての可逆熱エンジンに適用できることがわかった。以上のことから、任意の可逆サイクルではエントロピー変化が 0 であることを示せ。また、この性質からエントロピーは状態関数であることを示せ。状態関数とは、初めの状態と最後の状態を決めたら、その二つの状態での値だけによって決まり、途中の変化の過程には依存しない量のことである。

答

可逆サイクルは図 2-14 のようなカルノーサイクルの集まりで表すことができる。となり合うサイ

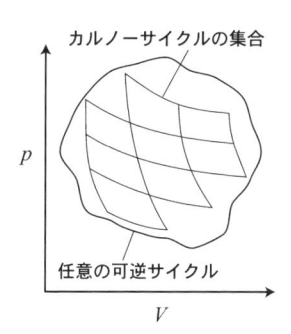

図 2-14 小さなカルノーサイクルの集合の外周で、任意の可逆サイクルを近似することができる。

クルの過程は向きが逆で，その効果は互いに打ち消し合う。打ち消し合わないのは外周だけである。結局，この外周で表されたサイクルにおけるエントロピー変化は0であることが分かる。従って，細かいサイクルを多数組み合わせることで，任意の可逆サイクルを近似することができる。

任意の可逆サイクルでエントロピー変化が0であることが示されたので，エントロピーの変化は状態変化の途中の過程に依存しないことが証明された。つまりエントロピーは状態関数である。

2-3-8 孤立系のエントロピー変化

熱力学第二法則のもう一つの表現は次のように書かれる。
「孤立系のエントロピーは自発変化の間増加する。」

$$\Delta S_{\text{tot}} \geq 0 \tag{2-105}$$

例題 2-45

例題 2-19 で扱ったような（体積が二倍になる）完全気体の断熱自由膨張について，系のエントロピー変化を求めよ。

答

方　針　エントロピー変化を求めるには，最初の状態と最後の状態を結ぶ可逆過程における熱エネルギーの流入量を求める必要がある。幸い最初は (p, V, T) の状態で，最終状態は $(p/2, 2V, T)$ の状態であるから，等温可逆膨張過程で結ぶことができる。

等温可逆膨張過程による熱は

$$q = nRT \ln \frac{V_{\text{f}}}{V_{\text{i}}} = nRT \ln \frac{2V}{V} \tag{2-106}$$

ゆえに，断熱自由膨張によるエントロピー変化は次のように得られる。

$$\Delta S = \frac{nRT \ln \dfrac{2V}{V}}{T} = nR \ln 2 > 0 \tag{2-107}$$

断熱自由膨張は自発的変化であり，この系は孤立系であるから第二法則を確認できた。

2-3-9 クラウジウスの不等式

全エントロピー変化 dS_{tot} は，分子系のエントロピー変化 dS とそれを取り囲む外界のエントロピー変化 dS_{sur} の和である。外界は分子系と同じ温度 T にあり，充分大きな系であって分子系と熱のやり取りをしてもその温度は変わらないとする。このように考えた分子系と外界で孤立系を形成している。

$$dS_{\text{tot}} = dS + dS_{\text{sur}} \geq 0 \tag{2-108}$$

この式を基に，系に供給される熱を dq と書いて，分子系に関する量だけの（外界に関する量を含ま

い）不等式を導くことにしよう。

dq を外界から分子系に供給される熱とすると，外界のエントロピー変化は次の式で書かれる。

$$dS_{\text{sur}} = \frac{dq_{\text{sur}}}{T} = \frac{-dq}{T} \tag{2-109}$$

この式を（2-108）に代入して

$$dS - \frac{dq}{T} \geq 0, \quad \therefore dS \geq \frac{dq}{T} \tag{2-110}$$

これが目的の式である。クラウジウスの不等式と呼ばれ，自発変化かどうかの判定に利用される。この不等式で，等号は可逆過程に，不等号は不可逆過程に対応する。

自習問題 2-46

高温の熱源（温度を T_h とする）から，熱 dq が低温の熱源（温度 T_c）へ移動する過程のエントロピー変化を求め，可逆過程かどうかを調べよ。

2-4 熱力学第三法則と第一法則・第二法則の結合

2-4-1 熱力学第三法則

熱力学第三法則は，低温でのエントロピーについての実験結果のまとめでる。

「各分子系について $T = 0$ K で最安定な状態にあるときのエントロピーを 0 と選べば，分子系のエントロピーは正の値をとる。」

$T = 0$ K で最も安定な状態は完全結晶として実現される。完全結晶ではなく，各分子について W 個の状態が許される場合は，$T = 0$ K でのエントロピーは下記の値となる。

$$S = nR \ln W \tag{2-111}$$

例題 2-47

$W = 2$ の場合のモルエントロピーの値を求めよ。

答

方　針　式（2-111）で計算する。

文字の定義　許される状態の数 W，エントロピー S，物質量 n，気体定数 R

数値計算

$S_m = S/n = [8.31 \text{ J K}^{-1} \text{ mol}^{-1}] \times \ln(2) = 5.76 \text{ J K}^{-1} \text{ mol}^{-1}$

2-4-2　ヘルムホルツエネルギー

次の式でヘルムホルツエネルギー A を定義すると，等温等積過程における自発変化の方向を A の増減で議論することができる。

$$A = U - TS \tag{2-112}$$

例題 2-48

等温等積過程の自発変化の条件は次の式で書くことができることを示せ。

$$dA_{T,V} \leq 0 \tag{2-113}$$

答

自発変化の条件式はクラウジウスの不等式（2-110）で与えられるから，クラウジウスの不等式から出発し，ヘルムホルツエネルギーの定義式（2-112）を使う。

文字の定義　　内部エネルギー U，温度 T，エントロピー S，ヘルムホルツエネルギー A

文字式による計算　　クラウジウスの不等式を書いておく。

$$dS \geq \frac{dq}{T} \tag{2-110}$$

次に $dA_{T,V}$ を計算する。$dU_{T,V}$ は体積一定なので熱 dq に等しい。最後に上のクラウジウスの不等式を使った。

$$dA_{T,V} = d(U-TS)_{T,V} = dU_{T,V} - TdS_{T,V} = dq - TdS_{T,V} \leq 0 \tag{2-114}$$

2-4-3　ギブズエネルギー

次の式でギブズエネルギー G を定義すると，等温等圧過程における自発変化の方向を G の増減で議論することができる。

$$G = H - TS \tag{2-115}$$

例題 2-49

等温等圧過程の自発変化の条件は次の式で書くことができることを示せ。

$$dG_{T,p} \leq 0 \tag{2-116}$$

答

例題 2-48 に準じて計算する。G の微小変化を温度と圧力が一定の条件で考える。

$$dG_{T,p} = d(H-TS)_{T,p} = dq - TdS_{T,p} \leq 0 \tag{2-117}$$

圧力一定の条件で，エンタルピーの変化 dH は dq に等しい。最後にクラウジウスの不等式を使用した。

2-4-4 最大仕事

例題 2-50

ヘルムホルツエネルギーの変化は，考えている定温過程に伴う最大の仕事であることを示せ．

$$dw_{max} = dA_T \tag{2-118}$$

答

方　針　仕事と熱で内部エネルギーの変化を書くことができる．不等号のよりどころはクラウジウスの不等式である．

文字式による計算

$$dA_T = dU - TdS = dq + dw - TdS \leq dw \tag{2-119}$$

第二の等号には熱力学第一法則を使用した．最後の不等号はクラウジウスの不等式による．

自習問題 2-50

CH_4 気体 1 mol が 25 ℃で完全燃焼した．

$$CH_4(g) + 2O_2(g) \longrightarrow CO_2(g) + 2H_2O(l)$$

この反応による内部エネルギー変化と，エントロピー変化をデータ集から求めよ．このエネルギー変化のうち，最大でどれだけが仕事として取り出せるか．

2-4-5 第一法則と第二法則の結合

例題 2-51

熱力学第一法則の式に，組成が一定の閉鎖系での可逆過程について非膨張仕事がないときの仕事とエントロピー変化の式を代入して，内部エネルギーの変化を完全微分の形で書け．

答

方　針　与えられた条件での dw_{rev} と dq_{rev} を熱力学第一法則の式に代入する．

文字式による計算　閉鎖系での可逆変化について非膨張仕事がないときの仕事とエントロピー変化は

$$dw_{rev} = -pdV, \quad dq_{rev} = TdS \tag{2-120}$$

熱力学第一法則の式に代入する．

$$dU = dq_{rev} + dw_{rev} = TdS - pdV \tag{2-121}$$

この式は与えられた条件で導かれたが，得られた式は完全微分の形式になっている．つまり dS と dV は状態量の無限小の変化である．そこで，この式は非膨張仕事がない閉鎖系については，可逆でも非可逆でも適用できる．この意味で，式 (2-121) は熱力学第一法則と第二法則を結合して得られた基本式である．

2-4-6　偏微分係数

例題 2-52

内部エネルギー U が S と V の関数であるとすると，数学的に dU は dS と dV を用いて次のように書くことができる。

$$dU = \left(\frac{\partial U}{\partial S}\right)_V dS + \left(\frac{\partial U}{\partial V}\right)_S dV \tag{2-122}$$

この式と熱力学の基本式（2-121）を比較して，T と p を偏微分係数で表せ。

答

あらためて式（2-121）を書くと

$$dU = TdS - pdV \tag{2-121}$$

この式と式（2-122）は同じ関数 U の全微分であるから，係数同士は等しくなければならない。

$$\left(\frac{\partial U}{\partial S}\right)_V = T, \quad \left(\frac{\partial U}{\partial V}\right)_S = -p \tag{2-123}$$

自習問題 2-52

ゼロの付いた量と N, R を定数として，完全気体の内部エネルギー $U = U(S, V)$ は次の式で与えられる。体積 V，粒子数 N，エントロピー S とする。

$$U = U_0 \left(\frac{V}{V_0}\right)^{-2/3} \left(\frac{N}{N_0}\right)^{5/3} = \exp\left(\frac{2}{3}\frac{SN_0 - NS_0}{NR}\right)$$

(1) 温度 T を S, V, N で表せ。
(2) 圧力 p を S, V, N で表せ。
(3) pV を S, V, N で表せ。
(4) 内部エネルギー U を N, T で表せ。

2-4-7　Maxwell の関係式（1）

一般に，完全微分には次の性質がある。関数 f の完全微分が

$$df = \left(\frac{\partial f}{\partial x}\right)_y dx + \left(\frac{\partial f}{\partial y}\right)_x dy \tag{2-124}$$

と与えられたとき，次の関係が成り立つ。

$$\frac{\partial^2 f}{\partial x \partial y} = \frac{\partial^2 f}{\partial y \partial x} \tag{2-125}$$

例題 2-53

この性質を式（2-121）に適用せよ。

答

式 (2-121) は式 (2-122) と同値であるから，式 (2-123) の関係に注意して式 (2-122) に適用すると次の式を得る。

$$\left(\frac{\partial T}{\partial V}\right)_S = -\left(\frac{\partial p}{\partial S}\right)_V \tag{2-126}$$

この式を Maxwell の関係式という。

2-4-8 Maxwell の関係式 (2)

例題 2-54

エンタルピー $H = U + pV$ の無限小変化を求め，Maxwell の関係式を求めよ。

答

方　針　H を項別に無限小変化を計算し，内部エネルギーの完全微分の式を利用して H の完全微分の式を得る。それに式 (2-125) の関係を適用する。

文字式による計算

$$dH = dU + d(pV) = dU + Vdp + pdV = TdS - pdV + Vdp + pdV = TdS + Vdp \tag{2-127}$$

$$\therefore \left(\frac{\partial T}{\partial p}\right)_S = \left(\frac{\partial V}{\partial S}\right)_p \tag{2-128}$$

2-4-9 Maxwell の関係式 (3)

例題 2-55

(1) ヘルムホルツエネルギーの完全微分の式を導け。
(2) それから Maxwell の関係式を求めよ。

答

例題 2-54 に倣う。

(1) $\quad dA = dU - d(TS) = TdS - pdV - SdT - TdS = -SdT - pdV \tag{2-129}$

(2) $\quad \left(\frac{\partial p}{\partial T}\right)_V = \left(\frac{\partial S}{\partial V}\right)_T \tag{2-130}$

2-4-10 Maxwell の関係式 (4)

例題 2-56

(1) ギブズエネルギーの完全微分の式を導け。
(2) それから Maxwell の関係式を求めよ。

答

例題 2-54 に倣う。

(1) $\quad dG = d(U + pV) - d(TS) = TdS - pdV + Vdp + pdV - SdT - TdS$
$\quad\quad = -SdT + Vdp$ (2-131)

(2) $\quad \left(\dfrac{\partial V}{\partial T}\right)_p = -\left(\dfrac{\partial S}{\partial p}\right)_T$ (2-132)

自習問題 2-56

モルエントロピーが $4R$ でモル体積が 20×10^{-3} m^3 mol^{-1} の状態から，温度を 1 K，圧力を 1×10^3 Pa 増加した。モルギブズエネルギーはどれだけ変化するか。

2-4-11 内部エネルギーの定温における体積依存性

例題 2-57

内部エネルギーを，一定温度のもとで体積により微分した次の偏微分係数は次の関係を満たすことを示せ。

$$\left(\dfrac{\partial U}{\partial V}\right)_T = T\left(\dfrac{\partial p}{\partial T}\right)_V - p \tag{2-133}$$

答

方針 内部エネルギーの変化であるから，内部エネルギーについての基本式を使う。必要に応じて Maxwell の関係式を適用する。

文字式による計算

内部エネルギーについての基本式は

$$dU = TdS - pdV \tag{2-121}$$

有限の変化で書くと

$$\Delta U = T\Delta S - p\Delta V \tag{2-134}$$

両辺を ΔV で割り，温度一定の条件を課す。

$$\left(\dfrac{\Delta U}{\Delta V}\right)_T = T\left(\dfrac{\Delta S}{\Delta V}\right)_T - p \tag{2-135}$$

両辺で，体積の増分の 0 への極限をとると偏微分係数になる。

$$\left(\dfrac{\partial U}{\partial V}\right)_T = T\left(\dfrac{\partial S}{\partial V}\right)_T - p \tag{2-136}$$

証明すべき式にだいぶ近付いた。式（2-133）と（2-136）を比較して，使える Maxwell の関係式を探すと，式（2-130）が使える。

$$\left(\dfrac{\partial S}{\partial V}\right)_T = \left(\dfrac{\partial p}{\partial T}\right)_V \tag{2-130}$$

この関係を使って，式（2-133）を一般的に証明できた。

解説 この微分係数は内圧と呼ばれ，次の記号で書かれる。

$$\pi_T = \left(\frac{\partial U}{\partial V}\right)_T \tag{2-137}$$

自習問題 2-57

完全気体とファンデルワールス気体について内圧を求めよ。

2-4-12　定圧における内部エネルギーの温度依存性

例題 2-58

定圧における内部エネルギーの温度依存性を示す次の式を証明せよ。

$$\left(\frac{\partial U}{\partial T}\right)_p = \alpha \pi_T V + C_V \tag{2-138}$$

答

方針 内部エネルギーを体積と温度の関数と見たときの微小変化の式を出発点と選ぶ。

$$dU = \left(\frac{\partial U}{\partial V}\right)_T dV + \left(\frac{\partial U}{\partial T}\right)_V dT \tag{2-139}$$

文字式による計算 式（2-139）の偏微分係数には記号が既に定義されているので置き換えて，

$$dU = \pi_T dV + C_V dT \tag{2-140}$$

有限の変化で書くと

$$\Delta U = \pi_T \Delta V + C_V \Delta T \tag{2-141}$$

両辺を ΔT で割り，変化に定圧の条件を課す。

$$\left(\frac{\Delta U}{\Delta T}\right)_p = \pi_T \left(\frac{\Delta V}{\Delta T}\right)_p + C_V \tag{2-142}$$

ここで ΔT を 0 に近づけた極限をとる。

$$\left(\frac{\partial U}{\partial T}\right)_p = \pi_T \left(\frac{\partial V}{\partial T}\right)_p + C_V \tag{2-143}$$

右辺の偏微分係数は膨張率で表すことができる。

$$\alpha = \frac{1}{V}\left(\frac{\partial V}{\partial T}\right)_p, \quad \left(\frac{\partial V}{\partial T}\right)_p = \alpha V \tag{2-144}$$

これを代入すると証明が完成する。

2-4-13 C_p と C_V の関係

例題 2-59

次の C_p と C_V の関係を証明せよ。

$$C_p - C_V = \frac{\alpha^2 T V}{\kappa_T} \tag{2-145}$$

答

方針 それぞれの熱容量の定義式に基づいて考える。また $H = U + pV$ であるから，上の例題の式を活用できる。

文字式による計算 まずそれぞれの熱容量の定義式を書くと

$$C_p = \left(\frac{\partial H}{\partial T}\right)_p, \quad C_V = \left(\frac{\partial U}{\partial T}\right)_V \tag{2-146}$$

定圧における内部エネルギーの温度依存性は前問の通り

$$\left(\frac{\partial U}{\partial T}\right)_p = \alpha \pi_T V + C_V \tag{2-138}$$

定圧熱容量から定容熱容量を引くと

$$C_p - C_V = \left(\frac{\partial H}{\partial T}\right)_p - \left(\frac{\partial U}{\partial T}\right)_V \tag{2-147}$$

$H = U + pV$ を代入して

$$\begin{aligned} C_p - C_V &= \left(\frac{\partial (U+pV)}{\partial T}\right)_p - C_V = \left(\frac{\partial U}{\partial T}\right)_p + \left(\frac{\partial pV}{\partial T}\right)_p - C_V \\ &= \alpha \pi_T V + \left(\frac{\partial pV}{\partial T}\right)_p = \alpha \pi_T V + p\left(\frac{\partial V}{\partial T}\right)_p = \alpha \pi_T V + p\alpha V \end{aligned} \tag{2-148}$$

次に，内圧が次の式で与えられる事を使ってさらに簡単化する。

$$\pi_T = T\left(\frac{\partial p}{\partial T}\right)_V - p \tag{2-149}$$

この式の偏微分係数は，次のように偏微分に関する恒等式を利用して，等温圧縮率と膨張率で書くことができる。まずオイラーの連鎖式を書く。

$$\left(\frac{\partial p}{\partial T}\right)_V \left(\frac{\partial T}{\partial V}\right)_p \left(\frac{\partial V}{\partial p}\right)_T = -1 \tag{2-150}$$

この式から必要な偏微分係数を求める。

$$\left(\frac{\partial p}{\partial T}\right)_V = -\frac{1}{\left(\frac{\partial T}{\partial V}\right)_p \left(\frac{\partial V}{\partial p}\right)_T} \tag{2-151}$$

分母にある最初の偏微分係数は転置により次のようになる。

$$\left(\frac{\partial p}{\partial T}\right)_V = -\frac{\left(\frac{\partial V}{\partial T}\right)_p}{\left(\frac{\partial V}{\partial p}\right)_T} \tag{2-152}$$

右辺の分子は膨張率で，分母は等温圧縮率で書くことができる。

$$\left(\frac{\partial p}{\partial T}\right)_V = -\frac{\left(\frac{\partial V}{\partial T}\right)_p}{\left(\frac{\partial V}{\partial p}\right)_T} = \frac{\frac{1}{V}\left(\frac{\partial V}{\partial T}\right)_p}{\frac{-1}{V}\left(\frac{\partial V}{\partial p}\right)_T} = \frac{\alpha}{\kappa_T} \tag{2-153}$$

これを代入して

$$C_p - C_V = \alpha \pi_T V + p\alpha V = \alpha TV \left(\frac{\partial p}{\partial T}\right)_V = \alpha TV \frac{\alpha}{\kappa_T} \tag{2-154}$$

証明終わり

自習問題 2-59

例題で示された定圧熱容量と定容熱容量の差は完全気体ではどのような式になるか。

2-4-14 ギブズエネルギーの温度依存性

例題 2-60

ギブズエネルギーの完全微分の式から次の温度依存性を示せ。

(1) $\left(\dfrac{\partial G}{\partial T}\right)_p = \dfrac{G - H}{T}$ （2-155）

(2) $\left(\dfrac{\partial}{\partial T}\left(\dfrac{G}{T}\right)\right)_p = -\dfrac{H}{T^2}$ （2-156）

答

ギブズエネルギーの完全微分は次のようになる。

$$dG = Vdp - SdT \tag{2-157}$$

ゆえに次の偏微分を得る。

$$\left(\frac{\partial G}{\partial T}\right)_p = -S, \quad \left(\frac{\partial G}{\partial p}\right)_T = V \tag{2-158}$$

第一式に $G = H - TS$ から S を求めて代入すると式（2-155）が得られる。

(2) のために式（2-155）を次のように変形する。

$$\left(\frac{\partial G}{\partial T}\right)_p - \frac{G}{T} = -\frac{H}{T} \tag{2-159}$$

次に式（2-156）の左辺の偏微分を次のように変形する。

$$\left(\frac{\partial}{\partial T}\left(\frac{G}{T}\right)\right)_p = \frac{1}{T}\left(\frac{\partial G}{\partial T}\right)_p + G\frac{\mathrm{d}}{\mathrm{d}T}\frac{1}{T} = \frac{1}{T}\left(\frac{\partial G}{\partial T}\right)_p - \frac{G}{T^2} = \frac{1}{T}\left\{\left(\frac{\partial G}{\partial T}\right)_p - \frac{G}{T}\right\} \quad (2\text{-}160)$$

最後に式(2-159)をこれに代入すればよい。

解 説 ここで示された式は,実験的にエンタルピーを決めたら式(2-156)に代入して G/T の温度依存性がわかることを示している。

自習問題 2-60

次の関係を示せ。

$$\left(\frac{\partial\left(\dfrac{G}{T}\right)}{\partial\left(\dfrac{1}{T}\right)}\right)_p = H \quad (2\text{-}161)$$

2-4-15 ギブズエネルギーの圧力依存性

例題 2-61

ギブズエネルギーの完全微分の式から,一定温度で圧力を有限の大きさだけ変えた時の G の変化量を求める式を導け。

答

$$\mathrm{d}G = V\mathrm{d}p - S\mathrm{d}T \quad (2\text{-}162)$$

の両辺を,一定温度の条件で圧力で積分する。

$$\int_\mathrm{i}^\mathrm{f} \mathrm{d}G = \int_{p_\mathrm{i}}^{p_\mathrm{f}} V\mathrm{d}p \qquad \Delta G = \int_{p_\mathrm{i}}^{p_\mathrm{f}} V\mathrm{d}p \quad (2\text{-}163)$$

2-4-16 完全気体のギブズエネルギーの圧力依存性

例題 2-62

完全気体のギブズエネルギーの,定温における圧力依存性を求めよ。

答

方 針 すでに 例題 2-61 で一般的な場合を調べてあるから,これに完全気体の状態方程式を代入する。

$$\begin{aligned}\Delta G &= \int_{p_\mathrm{i}}^{p_\mathrm{f}} V\mathrm{d}p = \int_{p_\mathrm{i}}^{p_\mathrm{f}} \frac{nRT}{p}\mathrm{d}p = nRT\int_{p_\mathrm{i}}^{p_\mathrm{f}} \frac{1}{p}\mathrm{d}p \\ &= nRT\left[\ln p\right]_{p_\mathrm{i}}^{p_\mathrm{f}} = nRT\left[\ln p_\mathrm{f} - \ln p_\mathrm{i}\right] = nRT\ln\frac{p_\mathrm{f}}{p_\mathrm{i}}\end{aligned} \quad (2\text{-}164)$$

自習問題 2-62

$T = 298$ K において完全気体の圧力を 100 倍にしたとき，ギブズエネルギーの変化を求めよ．

2-4-17 純物質の化学ポテンシャル

例題 2-63

純物質の化学ポテンシャル μ は次の式で定義される．

$$\mu = \left(\frac{\partial G}{\partial n}\right)_{T,p} \tag{2-165}$$

G をモル量で表すと

$$\mu = \left(\frac{\partial nG_m}{\partial n}\right)_{T,p} = G_m \tag{2-166}$$

完全気体について，標準圧力 p_0 における化学ポテンシャルを $\mu(p_0)$ として，一般の圧力 p における化学ポテンシャル $\mu(p)$ を求める．

答

式 (2-166) から，化学ポテンシャルはモルギブズエネルギーであるから，完全気体については次のようになる．

$$\mu(p) = \mu(p_0) + \Delta\mu = \mu(p_0) + \Delta G_m = \mu(p_0) + RT\ln\frac{p}{p_0} \tag{2-167}$$

2-4-18 フガシティー

例題 2-64

ここでは実在気体を扱う．完全気体に関する量には id の添え字を付けることにする．

標準圧力を p_0 と書くと，温度 T，圧力 p における完全気体の化学ポテンシャル μ_{id} は

$$\mu_{id}(p) = \mu_{id}(p_0) + RT\ln\frac{p}{p_0} \tag{2-168}$$

実在気体の化学ポテンシャルは，式 (2-163) をモル量に直して次の式を得る．

$$\mu(p) = \mu(p_0) + \int_{p_0}^{p} V_m dp \tag{2-169}$$

式 (2-169) を次のように書いて，ここに現れた f をフガシティーと呼ぶ．

$$\mu(p) = \mu(p_0) + RT\ln\frac{f}{p_0} \tag{2-170}$$

実在気体の標準状態は，標準圧力 p_0 で完全気体として振る舞う仮想的な状態とする．

さらに次の式でフガシティー係数 ϕ を導入する．

$$f = \phi p \tag{2-171}$$

フガシティー係数は次の式で得られることを示せ．

$$\ln \phi = \int_0^p \left(\frac{Z-1}{p}\right) dp \tag{2-172}$$

ただし，Z は圧縮因子である。

$$Z = \frac{pV_\mathrm{m}}{RT} \tag{2-173}$$

答

式（2-168）〜（2-171）から次の式を得る。

$$\mu - \mu_\mathrm{id} = RT \ln\left(\frac{f}{p}\right) = RT \ln\left(\frac{\phi p}{p}\right) = RT \ln \phi \tag{2-174}$$

このように，実在気体と完全気体の化学ポテンシャルの差を求めればよい。

$$\mu_\mathrm{f} - \mu_\mathrm{i} = \int_{p_\mathrm{i}}^{p_\mathrm{f}} V_\mathrm{m}\, dp, \quad \mu_\mathrm{f}^\mathrm{id} - \mu_\mathrm{i}^\mathrm{id} = \int_{p_\mathrm{i}}^{p_\mathrm{f}} V_\mathrm{m}^\mathrm{id}\, dp \tag{2-175}$$

この二式の差をとると

$$\mu_\mathrm{f} - \mu_\mathrm{i} - \left(\mu_\mathrm{f}^\mathrm{id} - \mu_\mathrm{i}^\mathrm{id}\right) = \int_{p_\mathrm{i}}^{p_\mathrm{f}} \left(V_\mathrm{m} - V_\mathrm{m}^\mathrm{id}\right) dp \tag{2-176}$$

この積分の下端の圧力として低圧低密度の極限を考えると，実在気体は完全気体に近付くので

$$\mu_\mathrm{f} - \mu_\mathrm{f}^\mathrm{id} = \int_0^{p_\mathrm{f}} \left(V_\mathrm{m} - V_\mathrm{m}^\mathrm{id}\right) dp \tag{2-177}$$

式（2-174）から

$$RT \ln \phi = \int_0^{p_\mathrm{f}} \left(V_\mathrm{m} - V_\mathrm{m}^\mathrm{id}\right) dp \tag{2-178}$$

この式の右辺に，実在気体の V_m を Z を使って表した式を代入する。

$$V_\mathrm{m} = \frac{ZRT}{p} \tag{2-179}$$

$$RT \ln \phi = \int_0^{p_\mathrm{f}} \left(V_\mathrm{m} - V_\mathrm{m}^\mathrm{id}\right) dp = \int_0^{p_\mathrm{f}} \left(\frac{ZRT}{p} - \frac{RT}{p}\right) dp \tag{2-180}$$

$$\therefore \ \ln \phi = \int_0^{p_\mathrm{f}} \left(\frac{Z-1}{p}\right) dp \tag{2-181}$$

2-4-19 ファンデルワールス気体のフガシティー

例題 2-65

次の形の状態方程式を持つ気体のフガシティーを下記の手順で求めよ。

$$p = \frac{RT}{V_\mathrm{m}} - \frac{a}{V_\mathrm{m}^2} \tag{2-182}$$

(1) 状態方程式から V_m を計算する。二つの解のうち気体の体積としてふさわしい方を採用する。

(2) (1) で得られた V_m の式で a の項は大きくないと仮定して、平方根は次の近似で外す。

$$x \ll 1 \text{ のとき} \quad \sqrt{1+x} \approx 1 + \frac{1}{2}x \tag{2-183}$$

(3) 圧縮因子 Z を求める。

(4) 式 (2-181) と式 (2-171) を用いてフガシティーを求める。

答

(1) $pV_m^2 - RTV_m + a = 0, \quad V_m = \dfrac{1}{2p}\left\{RT \pm \sqrt{(RT)^2 - 4ap}\right\}$ (2-184)

負号の解は、体積が小さいので採用しない。

(2) $\sqrt{(RT)^2 - 4ap} = RT\sqrt{1 - \dfrac{4ap}{(RT)^2}} \approx RT\left(1 - \dfrac{1}{2}\dfrac{4ap}{(RT)^2}\right)$ (2-185)

(3) $Z = \dfrac{pV_m}{RT} = \dfrac{p}{RT}\dfrac{RT}{2p}\left(1 + 1 - \dfrac{1}{2}\dfrac{4ap}{(RT)^2}\right) = 1 - \dfrac{ap}{(RT)^2}$ (2-186)

(4) $\ln\phi = \displaystyle\int_0^{p_f}\left(\dfrac{Z-1}{p}\right)dp = \int_0^{p_f}\left(-\dfrac{ap}{p(RT)^2}\right)dp = -\dfrac{a}{(RT)^2}\int_0^{p_f}dp = -\dfrac{ap_f}{(RT)^2}$ (2-187)

$$f = \phi p_f = p_f e^{-ap_f/(RT)^2} \tag{2-188}$$

自習問題 2-65 (1)

次の形の状態方程式を持つ気体のフガシティーを求めよ。

$$p = \frac{RT}{V_m - b}$$

自習問題 2-65 (2)

例題 2-65 の近似を用いて、圧力 1.013×10^5 Pa、温度 298 K におけるアンモニアのフガシティーを求めよ。

自習問題　解答

2-1 面積が 10 倍になるので圧力は 1/10 倍になる。

2-2 0.76 m

2-6 $p_0 = 1.67 \times 10^7$ Pa, $p_a = -2.36 \times 10^7$ Pa

2-7 $p_0 = 1.67 \times 10^7$ Pa, $p_r = 2.90 \times 10^7$ Pa

2-8 $p_0 = 1.67 \times 10^7$ Pa, $p = 5.4 \times 10^6$ Pa

2-9 $V_c = 9.60 \times 10^{-5}$ m^3 mol^{-1}, $p_c = 4.84 \times 10^6$ Pa, $T_c = 149$ K

2-10 V_c（巨視的実験値）$= 7.525 \times 10^{-5}$ m^3, p_c（巨視的実験値）$= 4.86 \times 10^6$ Pa, T_c（巨視的実験値）$= 150.72$ K

2-14 二酸化炭素分子は直線形であるから、$U_m = 6323$ J mol^{-1}

2-15 2.430×10^3 J mol^{-1}

2-18 $\Delta w = -[1 \text{ mol}] \times [8.31451 \text{ J K}^{-1} \text{ mol}^{-1}] \times [298 \text{ K}] \times \ln(100)$

2-20 次の式で例題のように考える。$U_m = (5/2)RT - a/V_m$

2-23 $C_{Vm} = 3R$

2-26 $U = \dfrac{3}{2}nRT$, $C_V = \dfrac{3}{2}nRT$ だから $\dfrac{T_f}{T_i} = \left(\dfrac{V_i}{V_f}\right)^{\frac{2}{3}}$

2-27 $w = -nR\ln\left(\dfrac{V_f}{V_i}\right)$, $q = 0$

2-28 断熱線の方が速く減少する。

2-29 $\alpha = 1/[298 \text{ K}]$

2-37 $\Delta S_m = R\ln(1000)$

2-38 単原子分子からなる完全気体なら $C_p = (5/2)nR$ で定数である。これを代入して積分する。

2-40 具体的温度範囲が与えられているときは、数値計算でエントロピー変化の数値をグラフに示す。

2-46 $dS = \dfrac{-dq}{T_h} + \dfrac{dq}{T_c} = dq\left(\dfrac{1}{T_c} - \dfrac{1}{T_h}\right)$

$T_h > T_c$ だから $dS > 0$ で、不可逆過程である。

2-50 定圧過程とみなすことができるから、$\Delta U = \Delta H = -890$ kJ, $\Delta S = -243$ J K^{-1}, $\Delta w_{max} = \Delta U - T\Delta S = -818$ kJ

2-52 (1) $T = \left(\dfrac{\partial U}{\partial S}\right)_V = 2N_0 U_0 \left(\dfrac{V}{V_0}\right)^{-2/3} \left(\dfrac{N}{N_0}\right)^{5/3} \exp\left(\dfrac{2}{3}\dfrac{SN_0 - NS_0}{NR}\right)$

(2) $p = -\left(\dfrac{\partial U}{\partial V}\right)_S = \dfrac{2}{3V_0}U_0 \left(\dfrac{V}{V_0}\right)^{-5/3} \left(\dfrac{N}{N_0}\right)^{5/3} \exp\left(\dfrac{2}{3}\dfrac{SN_0 - NS_0}{NR}\right)$

(3) $pV = \dfrac{2}{3}U_0 \left(\dfrac{V}{V_0}\right)^{-2/3} \left(\dfrac{N}{N_0}\right)^{5/3} \exp\left(\dfrac{2}{3}\dfrac{SN_0 - NS_0}{NR}\right)$

(4) (3) の結果を U の式と比較すると，$pV = (2/3)U$，従って $U = (3/2)pV = (3/2)NkT$ (k はボルツマン定数) と，完全気体の式が得られる。

2-56　式 (2-131) から $\Delta G_\mathrm{m} = -31$ J mol^{-1}

2-57　完全気体では 0。ファンデルワールス気体では an^2/V^2。

2-59　nR

2-60　例題 2-60 の式 (2-156) から出発する。

2-62　$\Delta G = nR \times 298 \text{ K} \times \ln(100)$

2-65 (1)　$f = p_\mathrm{f} e^{bp_\mathrm{f}/RT}$

2-65 (2)　$f = 9.44 \times 10^5$ Pa

Part 3

量子力学

　電子のように質量が極めて小さな粒子の運動を扱う力学が量子力学である。原子は電子ほど質量が小さいわけではないが，低温では古典力学から外れた動きをする。

　この力学では，粒子が存在する確率を記述する波動関数 ψ を調べる。波動関数が従う運動方程式がシュレーディンガー方程式である。これは古典力学の力学的エネルギーを演算子で置き換えて書かれる。シュレーディンガー方程式の解が得られたら，同時にこの系のエネルギーも得られる。知りたい物理量，例えば電子の座標は，波動関数を使って平均値として計算される。

　水素原子ではとびとびのエネルギーが得られ，これは光スペクトルの実験値を説明する。得られた波動関数は，電子の空間的広がり方を記述するので化学結合を説明できる。

3-1 古典物理学の破綻と量子論のさきがけ

3-1-1 黒体放射と古典物理学の破綻

体積 V, 温度 T の黒体の放射エネルギーを，振動数 ν の関数として $E(\nu, T)$ とする。振動数領域を ν から $\nu+\mathrm{d}\nu$ の間に限定したときの放射エネルギー密度 $\rho(\nu, T)$ は，単位体積，単位振動数あたりのエネルギーとして次のように書くことができる。

$$\rho_\nu(\nu, T)\mathrm{d}\nu = \frac{E(\nu+\mathrm{d}\nu, T) - E(\nu, T)}{V} \tag{3-1}$$

古典物理学では，電磁放射線はあらゆる振動数をとることができる。これに基づいたレイリー–ジーンズの法則

$$\rho_\nu(\nu, T)\mathrm{d}\nu = \frac{8\pi kT\nu^2}{c^3}\mathrm{d}\nu \quad (k：ボルツマン定数, c：光速度) \tag{3-2}$$

は，ν が小さいうちは観測結果に良く合うが，ν が大きくなると ∞ に発散することがわかる。これを紫外部破綻という。

例題 3-1

式 (3-2) を，波長 λ を用いた式 $\rho_\lambda(\lambda, T)\mathrm{d}\lambda$ の形に変形せよ。

答

$\nu = \dfrac{c}{\lambda}$ だから $\mathrm{d}\nu = -\dfrac{c}{\lambda^2}\mathrm{d}\lambda$ となる。ただし微小変化量 $\mathrm{d}\nu$ および $\mathrm{d}\lambda$ は，その変化の方向は重要でないので，負号を取って $\mathrm{d}\nu = \dfrac{c}{\lambda^2}\mathrm{d}\lambda$。

$$\rho_\lambda(\lambda, T)\mathrm{d}\lambda = \frac{8\pi kT\nu^2}{c^3}\mathrm{d}\nu = \frac{8\pi kTc^2}{c^3\lambda^2}\cdot\frac{c}{\lambda^2}\mathrm{d}\lambda = \frac{8\pi kT}{\lambda^4}\mathrm{d}\lambda \tag{3-3}$$

例題 3-2

黒体放射の観測により，放射エネルギー密度 $\rho_\lambda(\lambda, T)$ は，λ に対してひとつの極大を持つことが知られていた。ウィーンは，極大を示す波長 $\lambda_{\max}$ が温度 T に反比例することを見出した。これをウィーンの変位法則という（比例定数 c_2 は第二放射定数）。

$$T\lambda_{\max} = \frac{1}{5}c_2, \quad c_2 = 1.44 \text{ cmK} \tag{3-4}$$

$\lambda_{\max} = 500$ nm であるとき，この黒体の温度を推定せよ。

答

$$T = \frac{c_2}{5\lambda_{\max}} = \frac{1.44\times 10^{-2}\text{ mK}}{5\times 500\times 10^{-9}\text{ m}} = 5.76\times 10^3 \text{ K}$$

自習問題 3-2（1）

次の温度の黒体について，エネルギー密度が最大になる波長をそれぞれ求めよ。

(1) 1.5×10^4 K，　(2) 3.5×10^3 K，　(3) 5.78×10^3 K

自習問題 3-2（2）

レイリー–ジーンズの法則がウィーンの変位法則と矛盾する点をあげよ。

3-1-2　プランク分布

古典力学による黒体放射のエネルギー密度の説明が破綻したことに対して，電磁放射線のエネルギーがとびとびの値に限られると仮定したら，観測結果を矛盾無く説明できることが見出された。振動数 ν の電磁振動子のエネルギー E が，プランク定数 h を用いて

$$E = nh\nu, \quad n = 0, 1, 2, \cdots \tag{3-5}$$

と $h\nu$ の整数倍の値に限られるとする。まず，振動数 ν と $\nu + d\nu$ の間に存在する振動数の数を求める。そのために振動数の間隔を計算する。電磁振動子を，両端を固定した弦と考えるとわかりやすい。

例題 3-3

(1) 長さ L の両端を固定された弦において，振動数の間隔を求めよ。この間隔から振動数の密度を求めよ。

答

基本振動の波長 λ_1 は弦の長さ L の二倍である。以下，n 倍振動の波長 λ_n は

$$\lambda_1 = 2L, \quad \lambda_2 = L, \quad \lambda_3 = \frac{2}{3}L, \ldots \quad \therefore \lambda_n = \frac{2}{n}L$$

このときの振動数は

$$\nu_n = \frac{c}{\lambda_n} = \frac{nc}{2L}$$

従って，振動数の間隔は一定で $\dfrac{c}{2L}$，振動数密度はこの逆数で $\dfrac{2L}{c}$ となる。

---

(2) 三次元の振動数空間で，振動数が ν と $\nu + d\nu$ の間の領域の体積を求める。振動数の密度は (1) で求めたものを使い，この領域にある振動数の数を求めよ。

答

三次元の振動数空間で，原点からの距離が ν と $\nu + d\nu$ の間にある球殻の体積を求めると

$$\frac{1}{8}\left[\frac{4\pi}{3}(\nu + d\nu)^3 - \frac{4\pi}{3}(\nu)^3\right] = \frac{1}{8} \cdot \frac{4\pi}{3}\left[\nu^3 + 3\nu^2 d\nu - \nu^3\right] = \frac{1}{2}\pi\nu^2 d\nu \tag{3-6}$$

ここで (1/8) の因子が現れたのは，振動数は正であるので第一象限に限定されるからである。また微小量 $d\nu$ の高次の項は無視した。(1) の振動数密度を三次元に適用し，式 (3-6) の体積と掛け

合わせることで振動数の数が得られる。

$$\frac{1}{2}\pi v^2 dv \cdot \left(\frac{2L}{c}\right)^3 = \frac{4\pi v^2 L^3}{c^3} dv \tag{3-7}$$

---

(3) 一方，式 (3-5) で与えられるエネルギーを持つ系の温度 T における平均エネルギーは次の量を計算すればよい。

$$\langle E \rangle = \frac{\sum_{n=0}^{\infty} nhv e^{-\beta nhv}}{\sum_{n=0}^{\infty} e^{-\beta nhv}}, \quad \beta = \frac{1}{kT} \tag{3-8}$$

この計算を実行せよ。

答

まず分母を考える。これは等比級数であるから

$$\sum_{n=0}^{\infty} e^{-\beta nhv} = \frac{1}{1-e^{-\beta hv}} \tag{3-9}$$

次に，分子は分母と次のような関係があるので

$$\sum_{n=0}^{\infty} nhv e^{-\beta nhv} = \frac{\partial}{\partial(-\beta)} \sum_{n=0}^{\infty} e^{-\beta nhv} = \frac{\partial}{\partial(-\beta)} \frac{1}{1-e^{-\beta hv}} = \frac{hv e^{-\beta hv}}{\left(1-e^{-\beta hv}\right)^2} \tag{3-10}$$

結局，エネルギーの平均値は次のようになる。

$$\langle E \rangle = \frac{\sum_{n=0}^{\infty} nhv e^{-\beta nhv}}{\sum_{n=0}^{\infty} e^{-\beta nhv}} = \frac{\dfrac{hv e^{-\beta hv}}{\left(1-e^{-\beta hv}\right)^2}}{\dfrac{1}{1-e^{-\beta hv}}} = \frac{hv e^{-\beta hv}}{1-e^{-\beta hv}} = \frac{hv}{e^{\beta hv}-1} \tag{3-11}$$

---

(4) 振動数の数と平均エネルギーを掛け，体積で割って，エネルギー密度を求めよ。

答

式 (3-7) と (3-11) を掛け，体積 L^3 で割って，エネルギー密度を求めると

$$dE = \frac{hv}{e^{\beta hv}-1} \cdot \frac{4\pi v^2 L^3}{c^3} dv \cdot \frac{1}{L^3} = \frac{4\pi hv^3}{c^3} \frac{1}{(e^{\beta hv}-1)} dv \tag{3-12}$$

最後に電磁波の振動の自由度を考慮して，この式を二倍してプランク分布を得る。

$$dE = \rho_v(v, T) dv = \frac{8\pi hv^3}{c^3} \frac{1}{(e^{\beta hv}-1)} dv \tag{3-13}$$

自習問題 3-3 (1)

体積 V で総粒子数 N であり，粒子は充分小さく，三次元空間に一様に分布しているとする。原点からの距離 r を変数とする時，この系における数密度分布 $\rho(r)$ を求めよ。

> **ヒント**
> 半径 ($r+dr$) の球の中の粒子数から，半径 r の球の中の粒子数を差し引き，その結果をこの球殻の体積で割る．

自習問題 3-3 (2)

(1) 黒体放射において，何が古典力学では理解できないのか．

(2) それを解決する考え方は誰によって出され，どのように説明されたのか．

自習問題 3-3 (3)

式 (3-13) は振動数を変数に選んでいる．これを，波長を変数とした式に変形せよ．

自習問題 3-3 (4)

前問のプランク分布 $\rho(\lambda, T)$ を，波長 λ を横軸にグラフで示せ．$T = 1600$ K とする．

> **ヒント**
> 始めに hc/kT を計算しておく．この値は 8.99×10^{-6} m なので，波長はこの程度の値でプロットする．

自習問題 3-3 (5)

式 (3-13) のプランク分布を，振動数 ν を横軸にグラフで示せ．$T = 1600$ K とする．

3-1-3 低温熱容量

アインシュタインは，固体の原子振動が一定間隔のエネルギーレベルを持つと考えた．ここから導き出されたエネルギーの平均値 $\langle E \rangle$ が，例題 3-3(3) の式である（導出過程は例題 3-3 参照）．

$$\langle E \rangle = \frac{\sum_{n=0}^{\infty} nh\nu e^{-\beta nh\nu}}{\sum_{n=0}^{\infty} e^{-\beta nh\nu}} = \frac{h\nu}{e^{\beta h\nu} - 1} \tag{3-11}$$

例題 3-4

アインシュタインモデルでのエネルギーの平均値 $\langle E \rangle$ は，高温の極限では温度の関数としてどのように表すことができるか．

答

高温では $\beta \to 0$，したがって $e^{\beta h\nu} \to 1 + \beta h\nu$ の近似が使えるので，下式のようになる．

$$\langle E \rangle = \frac{h\nu}{e^{\beta h\nu} - 1} \to \frac{h\nu}{\beta h\nu} = kT \tag{3-14}$$

自習問題 3-4

同じくエネルギーの平均値 $\langle E \rangle$ は，低温の極限では温度の関数としてどのように表すことができるか。

例題 3-5

アインシュタインモデルでの熱容量 $C = \dfrac{d\langle E \rangle}{dT}$ は，温度の関数としてどのように表されるか。

答

式（3-11）を T で微分する。

$$C = \frac{d\langle E \rangle}{dT} = \frac{d\beta}{dT}\frac{d}{d\beta}\frac{h\nu}{e^{\beta h\nu}-1} = \left(-\frac{1}{kT^2}\right)\left[\frac{-(h\nu)^2 e^{\beta h\nu}}{(e^{\beta h\nu}-1)^2}\right] = \frac{(h\nu)^2 e^{\beta h\nu}}{(e^{\beta h\nu}-1)^2}\frac{1}{kT^2}$$

自習問題 3-5 (1)

アインシュタインモデルでの熱容量は，高温および低温の極限では，温度の関数としてどのように表されるか。

自習問題 3-5 (2)

古典論では，ばねの運動エネルギーの一自由度あたりの平均値は次の式で得られる。

$$\left\langle \frac{1}{2}mv^2 \right\rangle = \frac{\displaystyle\iint_{-\infty \leq v,\, x \leq \infty} \frac{1}{2}mv^2 e^{-\beta\left(\frac{1}{2}mv^2+\frac{1}{2}kx^2\right)} dv dx}{\displaystyle\iint_{-\infty \leq v,\, x \leq \infty} e^{-\beta\left(\frac{1}{2}mv^2+\frac{1}{2}kx^2\right)} dv dx}$$

(1) 上式を変数分離し，x での積分が分子分母で打ち消し合うことを示せ。
(2) (1) の後，v だけが残った式の分母はガウス積分として知られている。分母を計算せよ。
(3) 分子の積分を行え。**ヒント** (分子) $= \dfrac{\partial}{\partial(-\beta)}$ (分母)
(4) 運動エネルギーの一自由度あたりの平均値を求めよ。
(5) ポテンシャルエネルギーの一自由度あたりの平均値 $\langle E_p \rangle$ も，(4) と同じ値になる。全エネルギーの平均値 $\langle E \rangle$ から，古典論による熱容量を計算せよ。

3-1-4 原子分子のスペクトル

原子・分子は光を吸収したり放出したりする。この吸収光や放射光をプリズムで波長毎に分け，波長 λ を横軸に，その光の強度を縦軸にとったグラフを原子分子のスペクトルという。横軸を振動数 ν にとる場合もある。振動数の標準的な単位は s^{-1} である。分光学の習慣で，振動数の代わりに波数 $\tilde{\nu}/\text{cm}^{-1}$ もよく使われる。これは，cm 単位で表した波長の逆数である。光速度 c を用いて，一般的に次の関係が成り立つ。

$$\nu\lambda = c, \quad \nu = \frac{c}{\lambda}, \quad \tilde{\nu} = \frac{1}{\lambda} \tag{3-15}$$

自習問題

(1) 原子分子スペクトルにおいて，何が古典力学では理解できないのか．具体的な実験結果の例をあげよ．

(2) それを解決する考え方は誰によって出され，どのように説明されたのか．

3-1-5 電磁放射線の粒子性

金属に紫外線を照射したとき，金属原子から電子が放出される現象を光電効果という．電磁放射線はプランク定数 h を比例定数とし，その振動数 ν に比例するエネルギーを持つ．

$$E = h\nu \tag{3-16}$$

仕事関数 Φ とは，照射した紫外線のエネルギー $h\nu$ と放出される電子の運動エネルギーの差である．Φ は電子が放出されるか否かのしきい値であり，$h\nu$ が Φ を上回れば，紫外線の強度に関係なく電子が放出される．

$$\Phi = h\nu - \frac{1}{2}m_e v^2 \tag{3-17}$$

m_e は電子の質量である．この現象により，電磁放射線の持つ粒子性が明らかになり，電磁放射線は光子という粒子としても扱われるようになった．光子一個一個の持つエネルギーはプランクの式 (3-16) に従い，それぞれ $h\nu$ に等しい．

例題 3-6　光子のエネルギー

波長 580 nm（黄色の光に相当する）の光子一個のエネルギーを計算せよ．

答

$$E = h\nu = \frac{hc}{\lambda} = \frac{6.626\times 10^{-34}\,\text{Js}\times 2.998\times 10^{8}\,\text{ms}^{-1}}{580\times 10^{-9}\,\text{m}} = 3.42\times 10^{-19}\,\text{J}$$

例題 3-7　仕事関数

真空中で，ある金属に波長 300 nm の光を当てたところ，放出される光電子の最大運動エネルギーは，2.00 eV であった．この金属の仕事関数を eV 単位で求めよ．

答

$$h\nu = \frac{hc}{\lambda} = \frac{6.626\times 10^{-34}\,\text{Js}\times 2.998\times 10^{8}\,\text{ms}^{-1}}{300\times 10^{-9}\,\text{m}} = 6.622\times 10^{-19}\,\text{J}$$

エネルギーの SI 併用単位である eV は「電子が 1 V の電位差で得るエネルギー」だから，1 eV = 1.602×10^{-19} C × 1 V = 1.602×10^{-19} J と換算できる．これを用いて $h\nu$ = 4.134 eV と求められ

$$\Phi = E - \frac{1}{2}m_\mathrm{e}v^2 = 4.134\,\mathrm{eV} - 2.00\,\mathrm{eV} = 2.13\,\mathrm{eV}$$

自習問題 3-6 (1)
波長 420 nm（紫色の光に相当する）の光子何個で 1 J のエネルギーを供給できるか計算せよ。

自習問題 3-6 (2)
波長 1.00 mm の電磁波が出力 500 kW で放射されている。この電磁波が，振動の一周期の間に放射する光子の数はいくつか求めよ。

自習問題 3-7
金属カリウムの仕事関数は 2.25 eV である。波長 225 nm の光によって放出される電子の最大の速さを求めよ。

3-1-6　粒子の波動性

光電効果の観測から波動の粒子性が見出された一方，電子のような小さな質量を持つ粒子が波動性を併せ持つことも明らかになってきた。ド・ブローイは，運動量 p を持つ粒子は次の関係式で決まる波長 λ を持つと考えた。この波長はド・ブローイ波長と呼ばれる。

$$\lambda = \frac{h}{p} \tag{3-18}$$

例題 3-8(1)　粒子の波動性
温度 T における粒子の並進運動のエネルギーは kT と見積もることができる。温度 300 K で並進運動する中性子の波長を求めよ。

答

中性子の質量 $m_\mathrm{n} = 1.675 \times 10^{-27}$ kg。運動エネルギーについて $\dfrac{p^2}{2m_\mathrm{n}} = kT$ と書けるから $p = (2m_\mathrm{n}kT)^{1/2}$，これと式 (3-18) で

$$\lambda = \frac{h}{p} = \frac{h}{(2m_\mathrm{n}kT)^{1/2}} = 1.78 \times 10^{-10}\,\mathrm{m} \tag{3-19}$$

例題 3-8(2)　荷電粒子の加速
電荷 q，質量 m を持つ粒子が静止している。これを電位差 V で加速し，静電ポテンシャルエネルギーが全て運動エネルギーに変換されたとしたら，この粒子の波長はいくらになるか。

> **答**
>
> 例題 3-8 (1) と同様に，$qV = \dfrac{p^2}{2m}$ を変形して $p = (2mqV)^{1/2}$。
> $$\lambda = \frac{h}{p} = \frac{h}{(2mqV)^{1/2}} \tag{3-20}$$

自習問題 3-8 (1)

時速 162 kmh^{-1} で飛行する，質量 145 g のボールのド・ブローイ波長を求めよ。

自習問題 3-8 (2)

静止している陽子を 10.0 V の電位差で加速したときのド・ブローイ波長を求めよ。

3-2　微視的な系の力学

3-2-1　シュレーディンガー方程式

シュレーディンガーは，エネルギー E を持つ微視的な粒子の運動を波として扱い，その性質を表す波動関数 ψ が満たすべき方程式を提案した。それは次の形を持つ。

$$(運動エネルギー演算子)\psi + (ポテンシャルエネルギー)\psi = E\psi \tag{3-21}$$

運動エネルギー演算子は，運動エネルギーを運動量 p で表し，それを運動量演算子で置き換えたものである。

$$(古典的運動エネルギー) \quad E_k = \frac{1}{2}mv^2 = \frac{(mv)^2}{2m} = \frac{p^2}{2m} \tag{3-22}$$

$$(運動量演算子) \quad \hat{p} = \frac{\hbar}{i}\frac{d}{dx} \tag{3-23}$$

$$(運動エネルギー演算子) \quad \hat{E}_k = \frac{(\hat{p})^2}{2m} = \frac{1}{2m}\left(\frac{\hbar}{i}\frac{d}{dx}\right)^2 = -\frac{\hbar^2}{2m}\frac{d^2}{dx^2} \tag{3-24}$$

$\hbar = h/2\pi$ は換算プランク定数，i は虚数単位である。

例題 3-9(1)

質量が m，ポテンシャルエネルギーが $V(x)$ の粒子の一次元でのシュレーディンガー方程式を書け。

> **答**
>
> 式 (3-21) より
> $$\hat{E}_k\psi + V(x)\psi = E\psi \tag{3-25}$$
> ここで，式 (3-25) の左辺を

$$\hat{H} = \hat{E}_\mathrm{k} + V(x) \tag{3-26}$$

と表すと,$\hat{H}$ は系の全エネルギーに対応し,これをハミルトニアンという。すなわち

$$\hat{H}\psi = \left\{\hat{E}_\mathrm{k} + V(x)\right\}\psi = -\frac{\hbar^2}{2m}\frac{\mathrm{d}^2}{\mathrm{d}x^2}\psi + V(x)\psi = E\psi \tag{3-27}$$

例題 3-9(2)

例題 3-9(1) において $V(x) = 0$ の場合,この方程式を解け。

答

式(3-27)に $V(x) = 0$ を代入して方程式の形を吟味する。

$$-\frac{\hbar^2}{2m}\frac{\mathrm{d}^2}{\mathrm{d}x^2}\psi = E\psi \tag{3-28}$$

左辺の係数は右辺に集める。

$$\frac{\mathrm{d}^2}{\mathrm{d}x^2}\psi = -\frac{2m}{\hbar^2}E\psi \tag{3-29}$$

この波動関数 ψ は,座標 x で二回微分すると,係数が付いた元の関数に戻る。このような性質を持った関数は,実数 k を使って次の形で書くことができる。

$$\mathrm{e}^{\pm ikx}, \quad k = \sqrt{\frac{2mE}{\hbar^2}} \tag{3-30}$$

そこで,一般解は積分定数を A, B と書いて次のようになる。

$$\psi = A\mathrm{e}^{ikx} + B\mathrm{e}^{-ikx} \tag{3-31}$$

3-2-2 波動関数

ある場所に粒子を見出す確率密度は,波動関数 ψ がわかっていればその絶対値の二乗 $|\psi|^2$ で表される。また確率は,確率密度に体積要素 $\mathrm{d}\tau$ を掛けて,領域で積分して得られる。

全ての場合が起こる確率の和は 1 だから,確率密度は全空間で積分すると 1 にならなければならない。この性質を満足するように,規格化されていない波動関数に規格化定数 N を掛けて $N\psi$ とし,これの絶対値の二乗を全空間で積分して 1 になるように定数 N を決める。

$$N^2 \int_{\text{全空間}} |\psi|^2 \mathrm{d}\tau = 1 \tag{3-32}$$

波動関数 ψ は通常複素関数である。複素数 $z = a + ib$ (a, b は実数)に対し,その虚部 ib の符号のみが異なる数 $z^* = a - ib$ を,z の複素共役という。複素数にその複素共役を掛けると,絶対値の二乗が得られる。

$$z^*z = (a - ib)(a + ib) = a^2 + b^2 = |z|^2 = |z^*|^2 \tag{3-33}$$

したがって,式(3-32)は次のようにも表される。

$$N^2 \int_{\text{全空間}} \psi^*\psi \, d\tau = 1 \tag{3-34}$$

波動関数の計算においては，デカルト座標 (x, y, z) よりも三次元極座標 (r, θ, ϕ) の方が扱いやすい。直交座標系における体積要素 $dxdydz$ に対応する，三次元極座標における体積要素は $r^2\sin\theta dr d\theta d\phi$ である。これにしたがって式 (3-34) を書き直すと

$$N^2 \iiint_{-\infty<x,y,z<\infty} \psi^*\psi \, dxdydz = N^2 \int_{r=0}^{r=\infty}\int_{\theta=0}^{\theta=\pi}\int_{\phi=0}^{\phi=2\pi} \psi^*\psi r^2 \sin\theta \, drd\theta d\phi = 1 \tag{3-35}$$

例題 3-10(1) 確率密度

例題 3-9(2) で得られた波動関数の確率密度を求める式を書け。

答

式 (3-31) から

$$\begin{aligned}|\psi|^2 = \psi^*\psi &= \left(Ae^{ikx} + Be^{-ikx}\right)^*\left(Ae^{ikx} + Be^{-ikx}\right) \\ &= \left(A^*e^{-ikx} + B^*e^{ikx}\right)\left(Ae^{ikx} + Be^{-ikx}\right) = A^*A + B^*B + B^*Ae^{i2kx} + A^*Be^{-i2kx}\end{aligned} \tag{3-36}$$

例題 3-10(2) 相対確率

例題 3-10(1) で得た確率密度を使って，$-\pi/k \leq x \leq \pi/k$ の領域に粒子が発見される確率と，$-2\pi/k \leq x \leq 2\pi/k$ の領域に粒子が発見される確率の比を求めよ。

答

前者の領域に発見される相対確率 p_1 は

$$\begin{aligned}p_1 &= \int_{-\pi/k}^{\pi/k}\left(A^*A + B^*B + B^*Ae^{i2kx} + A^*Be^{-i2kx}\right)dx \\ &= \left[A^*Ax + B^*Bx + B^*A\frac{e^{i2kx}}{i2k} - A^*B\frac{e^{-i2kx}}{i2k}\right]_{-\pi/k}^{\pi/k} \\ &= \left(A^*A + B^*B\right)\frac{2\pi}{k} + \frac{B^*A}{i2k}\left(e^{i2\pi} - e^{-i2\pi}\right) - \frac{A^*B}{i2k}\left(e^{-i2\pi} - e^{i2\pi}\right) = \frac{2\pi\left(A^*A + B^*B\right)}{k}\end{aligned} \tag{3-37}$$

オイラーの公式 $e^{i\pi} = -1$ に注意せよ。一方，後者の領域に発見される相対確率 p_2 も同様に

$$p_2 = \left(A^*A + B^*B\right)\frac{4\pi}{k} + \frac{B^*A}{i2k}\left(e^{i4\pi} - e^{-i4\pi}\right) - \frac{A^*B}{i2k}\left(e^{-i4\pi} - e^{i4\pi}\right) = \frac{4\pi\left(A^*A + B^*B\right)}{k} \tag{3-38}$$

相対確率の比は $p_2/p_1 = 2$ となる。

例題 3-11 規格化

三次元極座標で考える。角度部分 (θ, ϕ) のみが変数である波動関数 $\psi = 1$ を規格化せよ。

> **答**
>
> 式 (3-35) において，r についての部分を無視して
>
> $$N^2 \int_{\theta=0}^{\theta=\pi} \int_{\phi=0}^{\phi=2\pi} \psi^* \psi \sin\theta \mathrm{d}\theta \mathrm{d}\phi = N^2 \int_0^\pi \sin\theta \mathrm{d}\theta \int_0^{2\pi} \mathrm{d}\phi = 1 \tag{3-39}$$
>
> 積分を実行すると
>
> $$N^2 \int_0^\pi \sin\theta \mathrm{d}\theta \int_0^{2\pi} \mathrm{d}\phi = N^2 [-\cos\theta]_0^\pi [\phi]_0^{2\pi} = N^2 \times 2 \times 2\pi = 1 \tag{3-40}$$
>
> したがって $N = 1/2\sqrt{\pi}$ で，規格化された波動関数 $\psi = 1/2\sqrt{\pi}$ を得る。

例題 3-12 関数形の制限

次の関数は波動関数として適切か。x の変域は $-\infty \leq x \leq \infty$ とする。

(1) x　(2) $1/x$　(3) e^{-x}　(4) $1/(x^2+1)$　(5) $\sin x$　(6) $\cos x$　(7) $\tan x$　(8) $\log x$

答

値が無限大になる個所があるので，(1)(2)(3)(7)(8) は波動関数として適さない。

自習問題 3-11 (1)

一次元空間における波動関数 $\psi = \mathrm{e}^{-ax^2}$ を，$-\infty \leq x \leq \infty$ の範囲で規格化せよ。ただし，a は正の定数である。

> **ヒント**
> ガウス積分は次の公式を参照してもよい。　　$\int_{-\infty}^{\infty} \mathrm{e}^{-x^2} \mathrm{d}x = \sqrt{\pi}$

自習問題 3-11 (2)

次にあげる波動関数 ψ を与えられた区間で規格化し，規格化定数を示せ。

(1) $\psi = 2x^2$, $0 \leq x \leq 1$ 　　　　(2) $\psi = \mathrm{e}^{ikx}$, $0 \leq x \leq 2\pi$

(3) $\psi = \sin x$, $0 \leq x \leq \pi/4$

自習問題 3-12

次の関数のグラフを描け。これらは波動関数として適切か。変域は $-\infty \leq x \leq \infty$ とする。また a, b は正の定数とする。

(1) ax^2　　　　(2) $1/(x-a)$　　　　(3) e^{-ax^2}　　　　(4) $1/(x^2-a^2)$

(5) $\sin(ax+b)$　　(6) $a\cos x$　　　　(7) $\tan(x-a)$　　　(8) $\log(x^2)$

3-2-3　演算子，固有値と固有関数

> 演算子 $\hat{\Omega}$ を関数 ψ に作用させた結果，元の関数の定数倍になるとき，この関数をこの演算子の固有関数という。
>
> $$\hat{\Omega}\psi = \omega\psi \tag{3-41}$$

定数 ω を固有値という。たとえば $\hat{\Omega} = \dfrac{d}{dx}$, $\psi = e^{2x}$ のとき

$$\hat{\Omega}\psi = \frac{d}{dx}e^{2x} = 2e^{2x} = 2\psi \tag{3-42}$$

となるから，e^{2x} は $\dfrac{d}{dx}$ の固有関数で，その固有値は 2 である。

例題 3-13

(1) 一次元の運動量演算子を式（3-30）に演算せよ。この波動関数はこの演算子の固有関数か。

(2) 一次元運動エネルギー演算子を式（3-30）に演算せよ。この波動関数はこの演算子の固有関数か。

答

(1) 一次元の運動量演算子は式（3-23）の通り。これを適用して

$$\hat{p}_x \psi = \frac{\hbar}{i}\frac{d}{dx}\left(Ae^{ikx} + Be^{-ikx}\right) = \frac{\hbar}{i}\left(ikAe^{ikx} - ikBe^{-ikx}\right) \tag{3-43}$$

元と違う関数が得られたので固有関数ではない。

(2) 式（3-24）の運動エネルギー演算子を演算すると次の結果を得る。

$$\begin{aligned}\hat{E}_k \psi &= -\frac{\hbar^2}{2m}\frac{d^2}{dx^2}\left(Ae^{ikx} + Be^{-ikx}\right) = -\frac{\hbar^2}{2m}\frac{d}{dx}\left(ikAe^{ikx} - ikBe^{-ikx}\right) \\ &= -\frac{\hbar^2}{2m}\left\{(ik)^2 Ae^{ikx} + (ik)^2 Be^{-ikx}\right\} = \frac{\hbar^2 k^2}{2m}\left(Ae^{ikx} + Be^{-ikx}\right) = \frac{\hbar^2 k^2}{2m}\psi\end{aligned} \tag{3-44}$$

元の関数の定数倍になったので，ψ は運動エネルギー演算子の固有関数である。固有値は $\hbar^2 k^2/2m$ である。

自習問題 3-13（1）

次にあげる演算子 $\hat{\Omega}$ とその固有関数 ψ の組み合わせについて，固有値 ω をそれぞれ求めよ。ただし a は定数とする。

(1) $\hat{\Omega} = \dfrac{d^2}{dx^2}$, $\psi = -\sin(iax)$ (2) $\hat{\Omega} = \dfrac{d^2}{dt^2} - 3\dfrac{d}{dt} + 5$, $\psi = e^{at}$ (3) $\hat{\Omega} = \dfrac{\partial}{\partial y}$, $\psi = x^3 e^{2y}$

自習問題 3-13（2）

関数 $\psi = e^x \sin x$ に対して，演算子 $\dfrac{d^n \cdot}{dx^n}$ が固有値を与えるような最小の自然数 n と，そのときの固有値を求めよ。

3-2-4 重ね合わせと期待値

規格化されている波動関数 ψ に対して，ある物理量の演算子 $\hat{\Omega}$ が固有値 ω を与えるとき，ω はその物理量の観測値を与える。一方，固有値が存在しないとき，その物理量は観測のたびに違った結果を与える。このとき，多数回の観測結果の平均値 $\langle \Omega \rangle$ を期待値と呼び，次のように表される。

$$\langle \Omega \rangle = \int \psi^* \hat{\Omega} \psi \, d\tau \tag{3-45}$$

例題 3-14

規格化されていない波動関数 ψ で演算子 $\hat{\Omega}$ の期待値を求める方法を述べよ。

答

まず規格化定数を求める。規格化された波動関数を φ と書くと

$$\varphi = N\psi, \quad \int \varphi^* \varphi \, d\tau = N^2 \int \psi^* \psi \, d\tau \quad \therefore N^2 = \frac{1}{\int \psi^* \psi \, d\tau} \tag{3-46}$$

これを式（3-45）に適用して

$$\langle \Omega \rangle = \int \varphi^* \hat{\Omega} \varphi \, d\tau = N^2 \int \psi^* \hat{\Omega} \psi \, d\tau = \frac{\int \psi^* \hat{\Omega} \psi \, d\tau}{\int \psi^* \psi \, d\tau} \tag{3-47}$$

例題 3-15

一次元空間 $-\infty \leq x \leq \infty$ で考える。次の波動関数で一次元の運動量 p_x の期待値を求めよ。ただし，a, b は実定数であり，k は正の定数とする。

$$\psi = ae^{ikx} + be^{-ikx} \tag{3-48}$$

答

例題 3-14 にしたがって次の計算を行う。

$$\langle p_x \rangle = \frac{\int_{-\infty}^{\infty} \psi^* \hat{p}_x \psi \, dx}{\int_{-\infty}^{\infty} \psi^* \psi \, dx} = \frac{\int_{-\infty}^{\infty} \left(ae^{-ikx} + be^{ikx}\right)\left(\dfrac{\hbar}{i}\dfrac{d}{dx}\right)\left(ae^{ikx} + be^{-ikx}\right) dx}{\int_{-\infty}^{\infty} \left(ae^{-ikx} + be^{ikx}\right)\left(ae^{ikx} + be^{-ikx}\right) dx}$$

$$= \frac{\hbar k \int_{-\infty}^{\infty} \left(ae^{-ikx} + be^{ikx}\right)\left(ae^{ikx} - be^{-ikx}\right) dx}{\int_{-\infty}^{\infty} \left(ae^{-ikx} + be^{ikx}\right)\left(ae^{ikx} + be^{-ikx}\right) dx} = \frac{\hbar k \int_{-\infty}^{\infty} \left(a^2 - b^2 + abe^{i2kx} - abe^{-i2kx}\right) dx}{\int_{-\infty}^{\infty} \left(a^2 + b^2 + abe^{i2kx} + abe^{-i2kx}\right) dx} \tag{3-49}$$

$$= \frac{\hbar k \int_{-\infty}^{\infty} \left(a^2 - b^2 + i2ab\sin 2kx\right) dx}{\int_{-\infty}^{\infty} \left(a^2 + b^2 + 2ab\cos 2kx\right) dx} = \frac{\hbar k \left\{\left(a^2 - b^2\right)\int_{-\infty}^{\infty} dx + i2ab\int_{-\infty}^{\infty} \sin 2kx \, dx\right\}}{\left(a^2 + b^2\right)\int_{-\infty}^{\infty} dx + 2ab\int_{-\infty}^{\infty} \cos 2kx \, dx}$$

分子にある $\sin 2kx$ は奇関数なので $\int_{-\infty}^{\infty} \sin 2kx \, dx = 0$，また分母において $\int_{-\infty}^{\infty} dx$ は ∞ に発散するのに対し，$\int_{-\infty}^{\infty} \cos 2kx \, dx$ は有限の値をとるから

$$\lim_{R \to \infty} \left\{\left(a^2 + b^2\right)\int_{-R}^{R} dx + 2ab \int_{-R}^{R} \cos 2kx \, dx\right\} \to \left(a^2 + b^2\right)\int_{-\infty}^{\infty} dx \tag{3-50}$$

したがって

$$\langle p_x \rangle = \frac{\hbar k \left(a^2 - b^2\right) \int_{-\infty}^{\infty} \mathrm{d}x}{\left(a^2 + b^2\right) \int_{-\infty}^{\infty} \mathrm{d}x} = \frac{a^2 - b^2}{a^2 + b^2} \hbar k \tag{3-51}$$

式 (3-48) の波動関数で，$a = 1$，$b = 0$ の場合が右向きに自由な運動をする粒子の場合であり，$a = 0$，$b = 1$ の場合が左向きに自由な運動をする粒子を表す。一般の a，b で，右向きの運動を表す波動関数と左向きの運動を表す波動関数を重ね合わせている。

自習問題 3-15

一次元空間 $-a \leq x \leq a$ (a は正定数) で考える。次の波動関数（規格化されていない）ψ と演算子 $\hat{\Omega}$ の組み合わせによる期待値をそれぞれ求めよ。

(1) $\psi = x^3$, $\hat{\Omega} = \dfrac{\mathrm{d}^2}{\mathrm{d}x^2}$ (2) $\psi = \sin x$, $\hat{\Omega} = \dfrac{\mathrm{d}}{\mathrm{d}x}$

3-2-5 不確定性原理

根平均二乗偏差とは物理量の不確かさを表現する量であり，座標 x を例に示すと次のようになる。

$$\Delta x = \sqrt{\langle x^2 \rangle - \langle x \rangle^2} \tag{3-52}$$

粒子の座標が確定している場合は，二乗の平均値 $\langle x^2 \rangle$ は平均値の二乗 $\langle x \rangle^2$ に等しいから $\Delta x = 0$ となる。ただし Δx は，同じ方向の運動量の誤差 Δp_x との積が

$$\Delta x \Delta p_x \geq \frac{\hbar}{2} \tag{3-53}$$

となることが知られており，$\Delta x \to 0$ なら $\Delta p_x \to \infty$ となる。この関係を不確定性原理という。

例題 3-16

(1) 一次元空間 $-\infty \leq x \leq \infty$ で考える。式 (3-48) の波動関数で，一次元運動量の二乗 p_x^2 の期待値を求めよ。
(2) その結果と 例題 3-15 の結果を合わせて，一次元運動量の根平均二乗偏差を求めよ。
(3) また，この粒子の位置の不確かさを推定せよ。

答

(1) $(\hat{p}_x)^2$ の演算は，次のように固有値を与える。

$$(\hat{p}_x)^2 \psi = \left(\frac{\hbar^2}{\mathrm{i}^2} \frac{\mathrm{d}^2}{\mathrm{d}x^2}\right)\left(a\mathrm{e}^{\mathrm{i}kx} + b\mathrm{e}^{-\mathrm{i}kx}\right) = \hbar^2 k^2 \left(a\mathrm{e}^{\mathrm{i}kx} + b\mathrm{e}^{-\mathrm{i}kx}\right) = \hbar^2 k^2 \psi = p_x^2 \psi \tag{3-54}$$

したがって

$$\left\langle p_x^2 \right\rangle = \frac{\int_{-\infty}^{\infty} \psi^*(\hat{p}_x)^2 \psi \, \mathrm{d}x}{\int_{-\infty}^{\infty} \psi^* \psi \, \mathrm{d}x} = \frac{p_x^2 \int_{-\infty}^{\infty} \psi^* \psi \, \mathrm{d}x}{\int_{-\infty}^{\infty} \psi^* \psi \, \mathrm{d}x} = p_x^2 = \hbar^2 k^2 \tag{3-55}$$

(2) 式 (3-52) より

$$\Delta p_x = \sqrt{\left\langle p_x^2 \right\rangle - \left\langle p_x \right\rangle^2} = \sqrt{\hbar^2 k^2 - \left(\frac{a^2 - b^2}{a^2 + b^2}\hbar k\right)^2} = \sqrt{\frac{4\hbar^2 k^2 a^2 b^2}{(a^2 + b^2)^2}} = \frac{2\hbar k ab}{a^2 + b^2} \tag{3-56}$$

(3) 式 (3-53) より

$$\Delta x \geq \frac{\hbar}{2\Delta p_x} = \frac{a^2 + b^2}{4kab} \tag{3-57}$$

3-2-6 一次元の箱の中の粒子

シュレーディンガー方程式を解けば，固有関数として波動関数が分かり，固有値としてエネルギーが分かる。この方程式は微分方程式であるので，一般解には積分定数が含まれる。その積分定数は境界条件により決定される。境界条件は，運動できる範囲を限定したり，関数が周期性を持つ場合など，具体的な問題ごとに与えられる。

一次元の箱の中の粒子のシュレーディンガー方程式は，座標に関する二階の微分方程式であり，一般解は二個の積分定数を持つが，箱の下限と上限の位置でポテンシャルエネルギーが無限大となるため，この位置では波動関数の値は 0 である。これらの条件から，積分定数が決定される。

例題 3-17(1)

(1) 長さ L の一次元の箱の中にある，質量 m，エネルギー E，ポテンシャルエネルギー $V(x)$ の粒子に対するシュレーディンガー方程式を書け。

答

波動関数を ψ と書くと

$$\hat{H}\psi = -\frac{\hbar^2}{2m}\frac{\mathrm{d}^2 \psi}{\mathrm{d}x^2} + V(x)\psi = E\psi \tag{3-58}$$

---

(2) 箱の中 ($0 < x < L$) において $V(x) = 0$，他では $V(x) = \infty$ とする。箱の中の領域において，(1) の方程式を満たす波動関数を求めよ。境界条件は次の問題で考慮する。

答

例題 3-9(2) と同様に

$$\psi(x) = A\mathrm{e}^{ikx} + B\mathrm{e}^{-ikx} \tag{3-59}$$

---

(3) (2) の波動関数に対する境界条件を書け。

答

ポテンシャルエネルギーが無限大の場所には粒子は存在しないから
$$\psi(0) = \psi(L) = 0 \tag{3-60}$$

---

(4) (2) の波動関数の中で，(3) の境界条件を満たすものを書け。

答

$\psi(0) = A + B = 0$ だから $B = -A$，かつ $\psi(L) = 0$ だから
$$\psi(L) = Ae^{ikL} + Be^{-ikL} = Ae^{ikL} - Ae^{-ikL} = A(e^{ikL} - e^{-ikL}) = \mathrm{i}2A\sin kL = 0 \tag{3-61}$$

したがって $\sin kL = 0$ だから，整数 n を用いて $kL = n\pi$ とわかる。規格化定数を N として
$$\psi(x) = \mathrm{i}2A\sin kx = \mathrm{i}2A\sin\left(\frac{n\pi x}{L}\right) = N\sin\left(\frac{n\pi x}{L}\right), \quad N = \mathrm{i}2A \tag{3-62}$$

---

(5) (4) の波動関数を規格化せよ。

答

$$\int_0^L \psi^*\psi \, \mathrm{d}x = N^2 \int_0^L \sin^2\left(\frac{n\pi x}{L}\right) \mathrm{d}x = N^2 \int_0^L \frac{1}{2}\left\{1 - \cos\left(\frac{2n\pi x}{L}\right)\right\} \mathrm{d}x = N^2 \frac{L}{2} = 1 \tag{3-63}$$

$$\therefore \psi(x) = \sqrt{\frac{2}{L}} \sin\left(\frac{n\pi x}{L}\right) \tag{3-64}$$

式 (3-64) において，$n = 0$ の状態は $\psi(x) = 0$ となり，確率密度を与えないので波動関数としてふさわしくない。したがって，許される値は $n = 1, 2, 3, ...$ となる。この n はそれぞれ異なる量子状態に対応するので，以下この波動関数を次のように書くことにする。

$$\psi_n(x) = \sqrt{\frac{2}{L}} \sin\left(\frac{n\pi x}{L}\right) \tag{3-65}$$

例題 3-17(2)

(1) 式 (3-65) の波動関数で，運動量の期待値を計算せよ。

答

$$\begin{aligned}\langle p_x \rangle &= \int_0^L \psi_n^* \hat{p}_x \psi_n \, \mathrm{d}x = \int_0^L \sqrt{\frac{2}{L}} \sin\left(\frac{n\pi x}{L}\right) \left(\frac{\hbar}{\mathrm{i}} \frac{\mathrm{d}}{\mathrm{d}x}\right) \sqrt{\frac{2}{L}} \sin\left(\frac{n\pi x}{L}\right) \mathrm{d}x \\ &= \frac{2n\pi\hbar}{\mathrm{i}L^2} \int_0^L \sin\left(\frac{n\pi x}{L}\right)\cos\left(\frac{n\pi x}{L}\right) \mathrm{d}x = \frac{2n\pi\hbar}{\mathrm{i}L^2} \int_0^L \frac{1}{2}\sin\left(\frac{2n\pi x}{L}\right) \mathrm{d}x = 0\end{aligned} \tag{3-66}$$

---

(2) 式 (3-65) の波動関数で，運動量の二乗の期待値を計算せよ。

答

$$(\hat{p}_x)^2 \psi_n = \left(\frac{\hbar}{i}\frac{d}{dx}\right)^2 \sqrt{\frac{2}{L}}\sin\left(\frac{n\pi x}{L}\right) = \hbar^2\left(\frac{n\pi}{L}\right)^2\sqrt{\frac{2}{L}}\sin\left(\frac{n\pi x}{L}\right) = \frac{n^2\pi^2\hbar^2}{L^2}\psi_n \quad (3\text{-}67)$$

$$\therefore \langle p_x^2 \rangle = \frac{n^2\pi^2\hbar^2}{L^2} \quad (3\text{-}68)$$

(3) この系の運動量 p_x の根平均二乗偏差を求めよ。

答

$$\Delta p_x = \sqrt{\langle p_x^2 \rangle - \langle p_x \rangle^2} = \sqrt{\frac{n^2\pi^2\hbar^2}{L^2} - 0^2} = \frac{n\pi\hbar}{L} \quad (3\text{-}69)$$

(4) 運動エネルギーの期待値を求めよ。

答

$(\hat{p}_x)^2$ と同様に，運動エネルギー演算子 $\hat{E}_k = \dfrac{(\hat{p}_x)^2}{2m}$ も固有値を与える。

$$\langle E_k \rangle = \frac{\langle p_x^2 \rangle}{2m} = \frac{n^2\pi^2\hbar^2}{2mL^2} = \frac{n^2h^2}{8mL^2} \quad (3\text{-}70)$$

(5) この系の全エネルギーの期待値を求めよ。

答

箱の中では $V(x) = 0$ だから，全エネルギー E_n は運動エネルギー E_k に等しい。

$$E_n = E_k = \frac{n^2h^2}{8mL^2} \quad (3\text{-}71)$$

(6) 位置の期待値 $\langle x \rangle$ を求めよ。

答

位置演算子 $\hat{x} = x$ である。

$$\begin{aligned}\langle x \rangle &= \int_0^L \psi_n^* \hat{x} \psi_n dx = \int_0^L \sqrt{\frac{2}{L}}\sin\left(\frac{n\pi x}{L}\right)\cdot x \cdot \sqrt{\frac{2}{L}}\sin\left(\frac{n\pi x}{L}\right)dx \\ &= \frac{2}{L}\int_0^L x\sin^2\left(\frac{n\pi x}{L}\right)dx = \frac{2}{L}\int_0^L x\cdot\frac{1}{2}\left\{1-\cos\left(\frac{2n\pi x}{L}\right)\right\}dx \\ &= \frac{2}{L}\left\{\int_0^L \frac{x}{2}dx - \int_0^L \frac{x}{2}\cos\left(\frac{2n\pi x}{L}\right)dx\right\} \\ &= \frac{2}{L}\left\{\left[\frac{x^2}{4}\right]_0^L - \left[\frac{x}{2}\left(\frac{L}{2n\pi}\right)\sin\left(\frac{2n\pi x}{L}\right)\right]_0^L + \int_0^L \frac{1}{2}\left(\frac{L}{2n\pi}\right)\sin\left(\frac{2n\pi x}{L}\right)dx\right\} \\ &= \frac{2}{L}\left\{\frac{L^2}{4} - 0 + 0\right\} = \frac{L}{2}\end{aligned} \quad (3\text{-}72)$$

(7) 位置の二乗の期待値 $<x^2>$ を求めよ。

答

$$\langle x^2 \rangle = \int_0^L \psi_n^*(\hat{x})^2 \psi_n \mathrm{d}x = \frac{2}{L}\int_0^L x^2 \sin^2\left(\frac{n\pi x}{L}\right)\mathrm{d}x$$

$$= \frac{2}{L}\left\{\int_0^L \frac{x^2}{2}\mathrm{d}x - \int_0^L \frac{x^2}{2}\cos\left(\frac{2n\pi x}{L}\right)\mathrm{d}x\right\}$$

$$= \frac{2}{L}\left\{\frac{L^3}{6} - \left[\frac{x^2}{2}\left(\frac{L}{2n\pi}\right)\sin\left(\frac{2n\pi x}{L}\right)\right]_0^L + \int_0^L x\left(\frac{L}{2n\pi}\right)\sin\left(\frac{2n\pi x}{L}\right)\mathrm{d}x\right\} \quad (3\text{-}73)$$

$$= \frac{2}{L}\left\{\frac{L^3}{6} - 0 - \left[x\left(\frac{L}{2n\pi}\right)^2\cos\left(\frac{2n\pi x}{L}\right)\right]_0^L + \int_0^L \left(\frac{L}{2n\pi}\right)^2\cos\left(\frac{2n\pi x}{L}\right)\mathrm{d}x\right\}$$

$$= \frac{2}{L}\left\{\frac{L^3}{6} - 0 - L\left(\frac{L}{2n\pi}\right)^2 + 0\right\} = \frac{L^2}{3} - \frac{L^2}{2n^2\pi^2}$$

例題 3-17(3)

長さ L の一次元の箱 $(0 < x < L)$ の中で運動する，質量 m の粒子を考える。この粒子の状態が次の波動関数（規格化されている）で与えられるとき，$<x>$ を求めよ。a, b は実数とする。

$$\psi(x) = \frac{1}{\sqrt{a^2+b^2}}\left\{\sqrt{\frac{2}{L}}a\sin\left(\frac{\pi x}{L}\right) + \sqrt{\frac{2}{L}}b\sin\left(\frac{2\pi x}{L}\right)\right\} \quad (3\text{-}74)$$

答

$$\langle x \rangle = \int_0^L \psi^* \hat{x} \psi \mathrm{d}x = \frac{2}{L(a^2+b^2)}\int_0^L x\left\{a\sin\left(\frac{\pi x}{L}\right) + b\sin\left(\frac{2\pi x}{L}\right)\right\}^2 \mathrm{d}x$$

$$= \frac{2}{L(a^2+b^2)}\left\{\int_0^L a^2 x\sin^2\left(\frac{\pi x}{L}\right)\mathrm{d}x + \int_0^L b^2 x\sin^2\left(\frac{2\pi x}{L}\right)\mathrm{d}x \right. \quad (3\text{-}75)$$
$$\left. + \int_0^L 2abx\sin\left(\frac{\pi x}{L}\right)\sin\left(\frac{2\pi x}{L}\right)\mathrm{d}x\right\}$$

ここで，式 (3-72) より $\int_0^L x\sin^2\left(\frac{n\pi x}{L}\right)\mathrm{d}x = \frac{L^2}{4}$，また

$$\int_0^L 2x\sin\left(\frac{\pi x}{L}\right)\sin\left(\frac{2\pi x}{L}\right)\mathrm{d}x = \int_0^L x\left\{\cos\left(\frac{\pi x}{L}\right) - \cos\left(\frac{3\pi x}{L}\right)\right\}\mathrm{d}x$$

$$= \int_0^L x\cos\left(\frac{\pi x}{L}\right)\mathrm{d}x - \int_0^L x\cos\left(\frac{3\pi x}{L}\right)\mathrm{d}x$$

$$= \left[x\left(\frac{L}{\pi}\right)\sin\left(\frac{\pi x}{L}\right)\right]_0^L - \int_0^L \left(\frac{L}{\pi}\right)\sin\left(\frac{\pi x}{L}\right)\mathrm{d}x - \left[x\left(\frac{L}{3\pi}\right)\sin\left(\frac{3\pi x}{L}\right)\right]_0^L + \int_0^L \left(\frac{L}{3\pi}\right)\sin\left(\frac{3\pi x}{L}\right)\mathrm{d}x$$

$$= 0 - \int_0^L \left(\frac{L}{\pi}\right)\sin\left(\frac{\pi x}{L}\right)\mathrm{d}x - 0 + \int_0^L \left(\frac{L}{3\pi}\right)\sin\left(\frac{3\pi x}{L}\right)\mathrm{d}x$$

$$= 0 - \left[-\left(\frac{L}{\pi}\right)^2\cos\left(\frac{\pi x}{L}\right)\right]_0^L - 0 + \left[-\left(\frac{L}{3\pi}\right)^2\cos\left(\frac{3\pi x}{L}\right)\right]_0^L$$

$$= -\frac{2L^2}{\pi^2} + \frac{2L^2}{9\pi^2} = -\frac{16L^2}{9\pi^2} \quad (3\text{-}76)$$

したがって

$$\langle x \rangle = \frac{2}{L(a^2+b^2)} \left\{ \frac{a^2 L^2}{4} + \frac{b^2 L^2}{4} - \frac{16abL^2}{9\pi^2} \right\} = \frac{9\pi^2 L(a^2+b^2) - 64abL}{18\pi^2(a^2+b^2)} \tag{3-77}$$

例題 3-17(4)

長さ L の一次元の箱（$0 < x < L$）の中で運動する，質量 m の粒子を考える。この粒子の状態が次の波動関数で与えられるとする。

$$\psi(x) = \frac{1}{\sqrt{2}} \left\{ \sqrt{\frac{2}{L}} \sin\left(\frac{\pi x}{L}\right) - \sqrt{\frac{2}{L}} \sin\left(\frac{2\pi x}{L}\right) \right\} \tag{3-78}$$

ポテンシャルエネルギーが 0 であるとき，全エネルギーの期待値を求めよ。

答

この波動関数は式（3-65）の一次結合であるから，規格化されていることも分かる。そこで期待値は次の計算で求めることができる。

$$\begin{aligned}
\langle E \rangle &= \int_0^L \psi^* \hat{E}_k \psi \, dx \\
&= \frac{1}{L} \int_0^L \left\{ \sin\left(\frac{\pi x}{L}\right) - \sin\left(\frac{2\pi x}{L}\right) \right\} \left(-\frac{\hbar^2}{2m} \frac{d^2}{dx^2} \right) \left\{ \sin\left(\frac{\pi x}{L}\right) - \sin\left(\frac{2\pi x}{L}\right) \right\} dx \\
&= \frac{\hbar^2}{2mL} \int_0^L \left\{ \sin\left(\frac{\pi x}{L}\right) - \sin\left(\frac{2\pi x}{L}\right) \right\} \left\{ \left(\frac{\pi}{L}\right)^2 \sin\left(\frac{\pi x}{L}\right) - \left(\frac{2\pi}{L}\right)^2 \sin\left(\frac{2\pi x}{L}\right) \right\} dx
\end{aligned} \tag{3-79}$$

三角関数の積の積分は以前にも出てきた。あるいは積分公式を使って

$$\langle E \rangle = \frac{\hbar^2}{2mL} \left(\frac{5\pi^2}{2L^2} \right) = \frac{5\pi^2 \hbar^2}{4mL^2} = \frac{5h^2}{16mL^2} \tag{3-80}$$

この値は，式（3-71）で与えられるエネルギー固有値を用いて，次のように与えられる。

$$E_n = \frac{n^2 h^2}{8mL^2} \tag{3-71}$$

$$\langle E \rangle = \frac{1}{2}(E_1 + E_2) = \frac{1}{2}\left(\frac{h^2}{8mL^2} + \frac{4h^2}{8mL^2} \right) = \frac{5h^2}{16mL^2} \tag{3-81}$$

式（3-78）は，式（3-65）の ψ_n を用いて

$$\psi(x) = \frac{1}{\sqrt{2}}(\psi_1 - \psi_2) \tag{3-82}$$

と表され，ポテンシャルエネルギーが 0 である系の固有関数の一次結合になっている。したがって，異なる固有値に属する規格化された固有関数の正規直交性（次の式が成立すること）を使えば，式（3-81）の結論を容易に得ることができる。

$$\int \psi_n^* \psi_{n'} d\tau = 1, \quad (n = n')$$
$$\int \psi_n^* \psi_{n'} d\tau = 0, \quad (n \neq n') \tag{3-83}$$

例題 3-17(5)

長さ L の一次元の箱（$0 < x < L$）の中で運動する，質量 m の粒子を考える。この粒子の状態が次の波動関数（規格化されていない）で与えられるとき，$<x>$ を求めよ。

$$\psi(x) = \frac{L^2}{4} - \left(x - \frac{L}{2}\right)^2 \tag{3-84}$$

答

$$\langle x \rangle = \frac{\int_0^L \psi^* \hat{x} \psi \, dx}{\int_0^L \psi^* \psi \, dx} = \frac{\int_0^L x \left\{\frac{L^2}{4} - \left(x - \frac{L}{2}\right)^2\right\}^2 dx}{\int_0^L \left\{\frac{L^2}{4} - \left(x - \frac{L}{2}\right)^2\right\}^2 dx} = \frac{\int_0^L x^5 - 2Lx^4 + L^2 x^3 \, dx}{\int_0^L x^4 - 2Lx^3 + L^2 x^2 \, dx}$$

$$= \frac{L^6/60}{L^5/30} = \frac{L}{2} \tag{3-85}$$

固有関数の正規直交性と完全性（全空間を張ること）から，任意の関数 $\Phi(x)$ を固有関数で次のように展開することができる。積分区間は一次元の箱の場合で示したが，一般の場合は許される全空間で積分する。c_n は展開係数である。

$$\Phi = \sum_{n=1}^{\infty} c_n \psi_n, \qquad c_n = \int_0^L \Phi \psi_n \, dx \tag{3-86}$$

これを式（3-84）に適用し，係数 c_1 を求めると

$$\Phi = \frac{L^2}{4} - \left(x - \frac{L}{2}\right)^2 = Lx - x^2 \tag{3-87}$$

$$c_1 = \int_0^L \Phi \psi_1 \, dx = \int_0^L (Lx - x^2) \sqrt{\frac{2}{L}} \sin\left(\frac{\pi x}{L}\right) dx = \frac{4\sqrt{2L^5}}{\pi^3} \tag{3-88}$$

すなわち

$$c_1 \psi_1 = \frac{8L^2}{\pi^3} \sin\left(\frac{\pi x}{L}\right) \tag{3-89}$$

となる。元の関数（3-87）と式（3-89）は，図 3-1 のように極めて近い形をしていることがわかる。

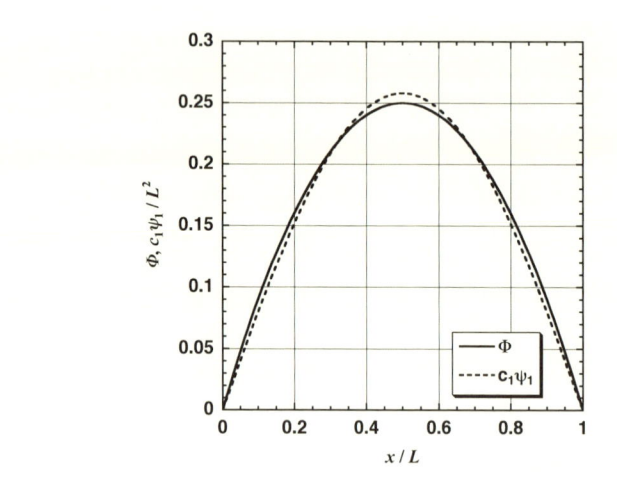

図 3-1 関数式（3-87）と展開式（3-89）との比較

自習問題 3-17 (1)

長さ 10 nm の一次元の箱の中の電子について，以下に示す二つの準位のエネルギー間隔を求め，J，kJmol^{-1}，eV および cm^{-1} の単位でそれぞれ答えよ。(1) $n=2$ と $n=1$，(2) $n=6$ と $n=5$。

自習問題 3-17 (2)

式（3-78）の波動関数のグラフを描け。

自習問題 3-17 (3)

例題 3-17(4) について，式（3-83）を用いて $<E>$ を計算し，式（3-81）の結果を得ることを確かめよ。

自習問題 3-17 (4)

式（3-88）の積分を実際に計算せよ。

3-2-7 二次元の箱の中の粒子

ある関数が与えられて，それがシュレーディンガー方程式の解であることを示すには，その関数をシュレーディンガー方程式に代入すればよい。代入した結果，式（3-27）にしたがってエネルギー固有値が得られることを示すのが基本方針である。

例題 3-18(1)

一次元の箱を二次元の箱に置き換えた系で，シュレーディンガー方程式を満たす波動関数は，次のように x の関数と y の関数の積の形で書けることを示せ。

$$\psi(x,y) = X(x)Y(y) \tag{3-90}$$

なお,粒子は $0 < x < L_1$, $0 < y < L_2$ の領域内に存在し,ポテンシャルエネルギーは領域内で 0, 領域外で ∞ である。

答

二次元では,運動の自由度が 2 になるので

$$\hat{H}\psi = -\frac{\hbar^2}{2m}\left(\frac{\partial^2 \psi}{\partial x^2} + \frac{\partial^2 \psi}{\partial y^2}\right) = E\psi \tag{3-91}$$

この式に式 (3-90) の形の波動関数を代入する。

$$-\frac{\hbar^2}{2m}\left(Y\frac{\partial^2 X}{\partial x^2} + X\frac{\partial^2 Y}{\partial y^2}\right) = EXY \tag{3-92}$$

両辺を XY で割ると

$$-\frac{\hbar^2}{2m}\left(\frac{1}{X}\frac{\partial^2 X}{\partial x^2} + \frac{1}{Y}\frac{\partial^2 Y}{\partial y^2}\right) = E \tag{3-93}$$

右辺は定数である。x と y は互いに独立であるから,括弧内の第一項,第二項ともに定数でなければならない。その定数をそれぞれ E_x, E_y とおくと次のようになる。

$$\frac{1}{X}\frac{\partial^2 X}{\partial x^2} = -\frac{2m}{\hbar^2}E_x, \quad \frac{1}{Y}\frac{\partial^2 Y}{\partial y^2} = -\frac{2m}{\hbar^2}E_y, \quad E = E_x + E_y \tag{3-94}$$

それぞれは一次元の箱の式と同じであるから,一次元の箱の結果を適用する。式 (3-64) より

$$\begin{aligned}\psi_{n_1,n_2}(x,y) &= \psi_{n_1}(x)\psi_{n_2}(y) = \sqrt{\frac{2}{L_1}}\sin\left(\frac{n_1\pi x}{L_1}\right)\sqrt{\frac{2}{L_2}}\sin\left(\frac{n_2\pi y}{L_2}\right) \\ &= \frac{2}{\sqrt{L_1 L_2}}\sin\left(\frac{n_1\pi x}{L_1}\right)\sin\left(\frac{n_2\pi y}{L_2}\right)\end{aligned} \tag{3-95}$$

エネルギー固有値は

$$\begin{aligned}\hat{H}\psi_{n_1,n_2} &= -\frac{\hbar^2}{2m}\left(\frac{\partial^2}{\partial x^2} + \frac{\partial^2}{\partial y^2}\right)\psi_{n_1,n_2} = -\frac{\hbar^2}{2m}\left(\psi_{n_2}\frac{\partial^2 \psi_{n_1}}{\partial x^2} + \psi_{n_1}\frac{\partial^2 \psi_{n_2}}{\partial y^2}\right) \\ &= \frac{\hbar^2}{2m}\left(\psi_{n_2}\frac{n_1^2\pi^2}{L_1^2}\psi_{n_1} + \psi_{n_1}\frac{n_2^2\pi^2}{L_2^2}\psi_{n_2}\right) \\ &= \frac{\hbar^2\pi^2}{2m}\left(\frac{n_1^2}{L_1^2} + \frac{n_2^2}{L_2^2}\right)\psi_{n_1}\psi_{n_2} = \frac{\hbar^2\pi^2}{2m}\left(\frac{n_1^2}{L_1^2} + \frac{n_2^2}{L_2^2}\right)\psi_{n_1,n_2}\end{aligned} \tag{3-96}$$

$$\therefore E_{n_1,n_2} = \left(\frac{n_1^2}{L_1^2} + \frac{n_2^2}{L_2^2}\right)\frac{h^2}{8m} \tag{3-97}$$

この例題で使った方法は<u>変数分離法</u>と呼ばれる。微分方程式ではこの方法が適用できる場合が多い。そこで,まずこの方法を試みると良い。

異なる波動関数が同じ固有値に属する場合，状態は<u>縮退</u>しているという。また，同じ固有値に属する波動関数の個数を<u>縮退度</u>という。縮退は系の対称性が高い場合に見られる。

例題 3-18(2)

箱が正方形の時，$n_1 = 1$, $n_2 = 2$ の波動関数と $n_1 = 2$, $n_2 = 1$ の波動関数は同じエネルギー固有値に属することを示せ。

答

箱が正方形だから $L_1 = L_2 = L$。式（3-97）より

$$E_{1,2} = \left(\frac{1^2}{L^2} + \frac{2^2}{L^2}\right)\frac{h^2}{8m} = \frac{5h^2}{8mL^2}, \qquad E_{2,1} = \left(\frac{2^2}{L^2} + \frac{1^2}{L^2}\right)\frac{h^2}{8m} = \frac{5h^2}{8mL^2} \tag{3-98}$$

この二つのエネルギー固有値は等しい値を持つ。このエネルギー固有値に属する波動関数は $\psi_{1,2}$ と $\psi_{2,1}$ だけなので，$E_{1,2}$ と $E_{2,1}$ は二重に縮退している。

自習問題 3-18 (1)

三次元の箱の中の粒子について，波動関数とエネルギー固有値を求めよ。

自習問題 3-18 (2)

正方形の二次元の箱の中で，$n_1 = n_2 = 1$ の状態にある粒子に対して $<p_x>$，$<p_x^2>$ を計算せよ。

自習問題 3-18 (3)

正方形の二次元の箱の中で，任意の n_1, n_2 の状態にある粒子に対して $<p_x>$，$<p_x^2>$ を計算せよ。

自習問題 3-18 (4)

正方形の二次元の箱の中で，エネルギー固有値 $E_{n_1, n_2} = 13h^2/8mL^2$ に対応する波動関数の縮退度を求めよ。

3-2-8　トンネル現象

古典力学では，力学的エネルギー E がポテンシャルエネルギー V より小さい（$E < V$）領域には粒子は存在できないが，量子力学では確率は小さいが存在は許される。こうした現象をトンネル現象という。ポテンシャルエネルギー境界面の両側の波動関数をそれぞれ $\psi_\mathrm{I}(x)$, $\psi_\mathrm{II}(x)$ とすると，境界条件は境界面（$x = x_0$）で波動関数の値が連続であることと，座標に関する一次微分が連続であることである。

$$\psi_\mathrm{I}(x_0) = \psi_\mathrm{II}(x_0), \qquad \frac{\mathrm{d}}{\mathrm{d}x}\psi_\mathrm{I}(x_0) = \frac{\mathrm{d}}{\mathrm{d}x}\psi_\mathrm{II}(x_0) \tag{3-99}$$

3-2 微視的な系の力学 87

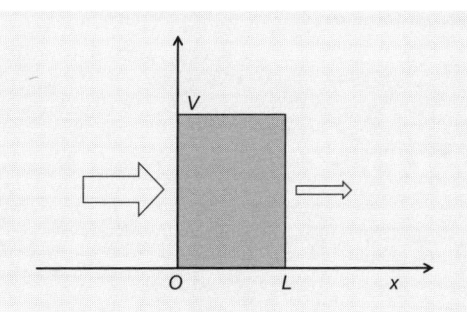

図 3-2 有限の高さのポテンシャルエネルギー障壁

例題 3-19(1)

質量 m の粒子の一次元系を考える。有限の高さ V のポテンシャル障壁が $0 \leq x \leq L$ の位置にあるとする（図 3-2 参照）。次の問に答えよ。

(1) 次の波動関数は，一次元の自由運動のシュレーディンガー方程式の解であることを示せ。

$$\psi = A e^{ikx} + B e^{-ikx} \tag{3-100}$$

答

波動関数をシュレーディンガー方程式に代入する。自由運動だから $V(x) = 0$ である。したがって **例題 3-9(2)** と同じことになるが，もう一度確認すると

$$\begin{aligned}\hat{H}\psi &= -\frac{\hbar^2}{2m}\frac{d^2}{dx^2}\psi + V(x)\psi = -\frac{\hbar^2}{2m}\frac{d^2}{dx^2}\left(A e^{ikx} + B e^{-ikx}\right) \\ &= \frac{\hbar^2 k^2}{2m}\left(A e^{ikx} + B e^{-ikx}\right) = E\psi\end{aligned} \tag{3-101}$$

となる。ここから，エネルギー固有値 E に関して

$$\hbar^2 k^2 = 2mE \tag{3-102}$$

であることがわかる。

---

(2) 壁の内部において，次の波動関数がシュレーディンガー方程式の解であることを示せ。

$$\psi = C e^{\kappa x} + D e^{-\kappa x}, \quad \kappa\hbar = \sqrt{2m(V-E)} \tag{3-103}$$

答

壁の内部では $V(x) = V$。上式をシュレーディンガー方程式に代入して

$$\begin{aligned}\hat{H}\psi &= \left(-\frac{\hbar^2}{2m}\frac{d^2}{dx^2} + V\right)\psi = \left(-\frac{\hbar^2}{2m}\frac{d^2}{dx^2} + V\right)\left(C e^{\kappa x} + D e^{-\kappa x}\right) \\ &= \left(-\frac{\kappa^2 \hbar^2}{2m} + V\right)\left(C e^{\kappa x} + D e^{-\kappa x}\right) = E\psi\end{aligned} \tag{3-104}$$

したがって，エネルギー固有値は

$$E = -\frac{\kappa^2 \hbar^2}{2m} + V \tag{3-105}$$

であるから，$\kappa\hbar = \sqrt{2m(V-E)}$ が得られる。

------

(3) 壁の向こう側 ($x > L$) も自由空間だから，シュレーディンガー方程式は (1) と同様な解を持つ。

$$\psi = A'\mathrm{e}^{\mathrm{i}kx} + B'\mathrm{e}^{-\mathrm{i}kx}, \quad \hbar k = \sqrt{2mE} \tag{3-106}$$

$x = 0$ と $x = L$ における境界条件を書け。

答

境界面 $x = x_0$ より左側での波動関数を ψ_{x_0-}，右側での波動関数を ψ_{x_0+} と書き，式 (3-99) の関係が満たされるように立式する。まず $x = 0$ の境界面について，式 (3-100) と (3-103) から

$$\psi_{0-}(0) = \psi_{0+}(0), \quad \frac{\mathrm{d}}{\mathrm{d}x}\psi_{0-}(0) = \frac{\mathrm{d}}{\mathrm{d}x}\psi_{0+}(0) \tag{3-107}$$

$$\therefore A + B = C + D, \quad \mathrm{i}kA - \mathrm{i}kB = \kappa C - \kappa D \tag{3-108}$$

同様に $x = L$ について，式 (3-103) と (3-106) から

$$\psi_{L-}(L) = \psi_{L+}(L), \quad \frac{\mathrm{d}}{\mathrm{d}x}\psi_{L-}(L) = \frac{\mathrm{d}}{\mathrm{d}x}\psi_{L+}(L) \tag{3-109}$$

$$\therefore C\mathrm{e}^{\kappa L} + D\mathrm{e}^{-\kappa L} = A'\mathrm{e}^{\mathrm{i}kL} + B'\mathrm{e}^{-\mathrm{i}kL}, \quad \kappa C\mathrm{e}^{\kappa L} - \kappa D\mathrm{e}^{-\kappa L} = \mathrm{i}kA'\mathrm{e}^{\mathrm{i}kL} - \mathrm{i}kB'\mathrm{e}^{-\mathrm{i}kL} \tag{3-110}$$

------

(4) 粒子は左から障壁にぶつかるとすると，障壁の右側には左向きに進む粒子はないので，式 (3-110) で $B' = 0$ となり，次のような連立方程式が得られる。

$$\begin{cases} A + B = C + D \\ \mathrm{i}kA - \mathrm{i}kB = \kappa C - \kappa D \\ C\mathrm{e}^{\kappa L} + D\mathrm{e}^{-\kappa L} = A'\mathrm{e}^{\mathrm{i}kL} \\ \kappa C\mathrm{e}^{\kappa L} - \kappa D\mathrm{e}^{-\kappa L} = \mathrm{i}kA'\mathrm{e}^{\mathrm{i}kL} \end{cases} \tag{3-111}$$

粒子が右向きに進む確率は $|A|^2$ に比例し，障壁の右側で右側に進む確率は $|A'|^2$ に比例する。これらの比 T を透過確率という。

$$T = \frac{|A'|^2}{|A|^2} \tag{3-112}$$

T を求めるには，連立方程式 (3-111) をどのような方針で解けばよいか。

答

式 (3-111) は未知数が A, B, C, D, A' の五個なのに対し，方程式は四本である。この意味で解は定まらないが，求めたいのは透過確率なので A'/A の比が決まればよい。そこで，B, C, D を消去して，

A'/A の比を求めるのが方針である。

------

(5) 透過確率は次の式で与えられる。

$$T = \left\{ 1 + \frac{\left(e^{\kappa L} - e^{-\kappa L}\right)^2}{16\varepsilon(1-\varepsilon)} \right\}^{-1}, \qquad \varepsilon = \frac{E}{V} \tag{3-113}$$

$\kappa L \gg 1$ のとき，透過確率は次のように表されることを示せ。

$$T = 16\varepsilon(1-\varepsilon)e^{-2\kappa L} \tag{3-114}$$

答

κL の値が十分大きいとき

$$T = \left\{ 1 + \frac{\left(e^{\kappa L} - e^{-\kappa L}\right)^2}{16\varepsilon(1-\varepsilon)} \right\}^{-1} \to \left\{ 1 + \frac{e^{2\kappa L}}{16\varepsilon(1-\varepsilon)} \right\}^{-1} \to \left\{ \frac{e^{2\kappa L}}{16\varepsilon(1-\varepsilon)} \right\}^{-1} = \frac{16\varepsilon(1-\varepsilon)}{e^{2\kappa L}} \tag{3-115}$$

例題 3-19(2)

例題 3-19(1) の透過確率を引き続き調べる。$E<V$ のときと $E>V$ のときの透過確率を，入射エネルギー E/V を横軸に選んでそれぞれグラフで示せ。

答

$$\kappa L = \frac{L\sqrt{2m(V-E)}}{\hbar} = \frac{L\sqrt{2mV\left(1-\dfrac{E}{V}\right)}}{\hbar} = \frac{L\sqrt{2mV}}{\hbar}\sqrt{1-\varepsilon} \tag{3-116}$$

だから，$\kappa' = \dfrac{L\sqrt{2mV}}{\hbar}$ と書くと，透過確率は ε の式で

$$T = \left\{ 1 + \frac{\left(e^{\kappa'\sqrt{1-\varepsilon}} - e^{-\kappa'\sqrt{1-\varepsilon}}\right)^2}{16\varepsilon(1-\varepsilon)} \right\} \tag{3-117}$$

と表される。ただし，$E<V$ のとき $1-\varepsilon>0$ だから T は実数になるのに対し，$E>V$ のとき T は複素数になることに注意する。後者の場合は実部のみをとり，それぞれグラフを描くと図のようになる。κ' の値を変えていくつかの曲線を描いた。

図3-3　E＜Vの場合の透過率　　　　　　　図3-4　E＞Vの場合の透過率

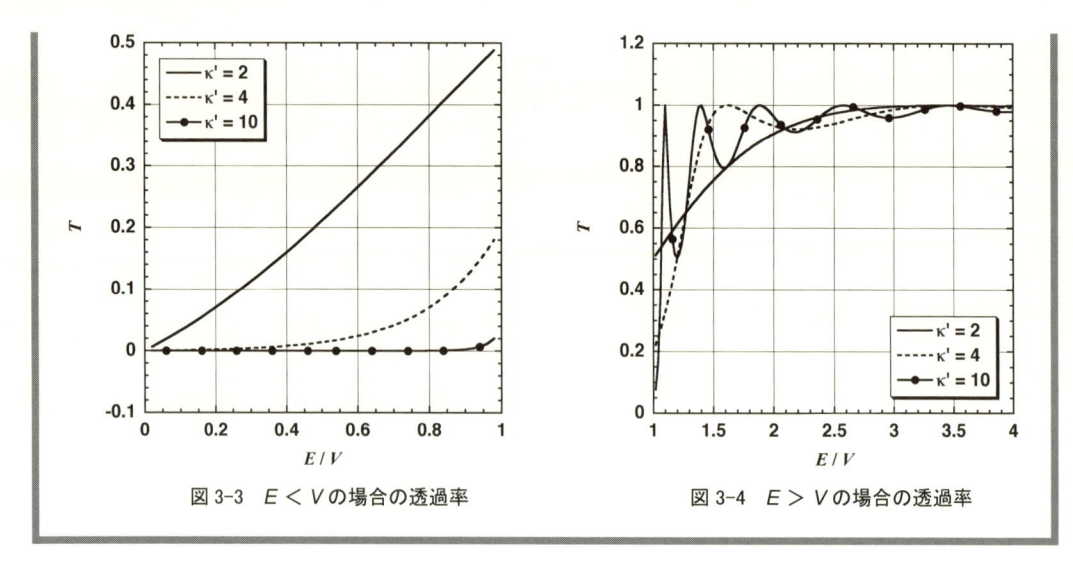

自習問題 3-19

(1) エネルギー 5.0 eV の電子が，高さ 20 eV，長さ 3.0 nm のポテンシャル障壁を透過する確率を求めよ。

(2) (1) において，ポテンシャル障壁の高さが半分になったとき，透過確率は (1) の何倍になるか。

3-2-9　振動運動

ある平衡点のまわりで振動する粒子を考える。これは，平衡点に片方の端が固定された，自然長 0 のばねの先に付いた粒子の振動と考えることができる。ばね定数を k とすると，平衡点からの変位が x のとき，粒子にかかる力は $-kx$ と表される（フックの法則）。したがって，平衡点から x まで粒子を変位させるとき，ばねが蓄えるポテンシャルエネルギー $V(x)$ は次のように表される。

$$V(x) = \int_0^x -(-kx)\mathrm{d}x = \frac{1}{2}kx^2 \tag{3-118}$$

例題 3-20(1)

一次元で質量 m の粒子がばねで結ばれている系を考える。平衡点からの変位を x とするとき，次の問に答えよ。

(1) 振動運動に対するハミルトニアンを書け。

答

式 (3-26) と (3-118) より

$$\hat{H} = \hat{E}_\mathrm{k} + V(x) = -\frac{\hbar^2}{2m}\frac{\mathrm{d}^2}{\mathrm{d}x^2} + \frac{1}{2}kx^2 \tag{3-119}$$

(2) 振動運動に対するシュレーディンガー方程式を書け。

答

$$-\frac{\hbar^2}{2m}\frac{d^2\psi}{dx^2} + \frac{1}{2}kx^2\psi = E\psi \tag{3-120}$$

----

(3) x は長さの次元を持つため，これを無次元化するために次のような変数 y を導入する。

$$y = \frac{x}{\alpha}, \quad \alpha = \left(\frac{\hbar^2}{mk}\right)^{1/4} \tag{3-121}$$

(2) の方程式を，y についての式に変換せよ。

答

$x = \alpha y$，$dx = \alpha dy$，また $\alpha^4 = \hbar^2/mk$ である。これを式 (3-120) に代入して

$$-\frac{\alpha^4 k}{2}\frac{d^2\psi}{\alpha^2 dy^2} + \frac{1}{2}\alpha^2 ky^2\psi = E\psi \tag{3-122}$$

$$\therefore -\frac{d^2\psi}{dy^2} + y^2\psi = \frac{2E}{\alpha^2 k}\psi \tag{3-123}$$

----

(4) $H_v(y)$ を y の v 次の多項式と仮定し，次の式を (3) の方程式に代入して，$H_v(y)$ の満たすべき関係式を求めよ。

$$\psi = H_v e^{-y^2/2} \tag{3-124}$$

答

まず微分を計算して（$dH_v/dy = H_v'$ などと書く）

$$\begin{aligned}
\frac{d^2\psi}{dy^2} &= \frac{d^2}{dy^2} H_v e^{-y^2/2} = \frac{d}{dy}\left(H_v' e^{-y^2/2} - y H_v e^{-y^2/2}\right) \\
&= H_v'' e^{-y^2/2} - y H_v' e^{-y^2/2} - H_v e^{-y^2/2} - y H_v' e^{-y^2/2} + y^2 H_v e^{-y^2/2} \\
&= \left(H_v'' - 2y H_v' + y^2 H_v - H_v\right) e^{-y^2/2}
\end{aligned} \tag{3-125}$$

これを式 (3-123) に代入して

$$-\left(H_v'' - 2y H_v' + y^2 H_v - H_v\right)e^{-y^2/2} + y^2 H_v e^{-y^2/2} = \frac{2E}{\alpha^2 k} H_v e^{-y^2/2} \tag{3-126}$$

$e^{-y^2/2}$ を消去して整理すると

$$-H_v'' + 2y H_v' + H_v = \frac{2E}{\alpha^2 k} H_v \tag{3-127}$$

$H_v(y)$ が次の微分方程式を満たすとき，この $H_v(y)$ をエルミート多項式という。

$$H_v'' - 2y H_v' + 2v H_v = 0 \tag{3-128}$$

エルミート多項式は次のような漸化式としても表現できる。

$$H_{v+1} - 2yH_v + 2vH_{v-1} = 0 \tag{3-129}$$

具体的な式をいくつかあげる。より大きな v に対する式は，上式から容易に計算できる。

$$\begin{aligned} &H_0 = 1, \quad H_1 = 2y, \quad H_2 = 4y^2 - 2, \\ &H_3 = 8y^3 - 12y, \quad H_4 = 16y^4 - 48y^2 + 12, \\ &H_5 = 32y^5 - 160y^3 + 120y, \quad H_6 = 64y^6 - 480y^4 + 720y^2 - 120, \ldots \end{aligned} \tag{3-130}$$

また，次のような積分公式が使える。

$$\begin{aligned} &\int_{-\infty}^{\infty} H_{v'} H_v e^{-y^2} dy = \pi^{1/2} 2^v v! \quad (v' = v \text{ の時}) \\ &\int_{-\infty}^{\infty} H_{v'} H_v e^{-y^2} dy = 0 \quad (v' \neq v \text{ の時}) \end{aligned} \tag{3-131}$$

例題 3-20(2)

(1) 前問 (4) の多項式 (3-127) がエルミート多項式であるための条件を示せ。

答

式 (3-127) を整理して

$$H_v'' - 2yH_v' + \left(\frac{2E}{\alpha^2 k} - 1\right)H_v = 0 \tag{3-132}$$

これを式 (3-128) と比較して

$$2v = \frac{2E}{\alpha^2 k} - 1 \tag{3-133}$$

(2) 振動子が v という量子状態にあるときのエネルギー固有値 E_v を書け。

答

式 (3-133) より

$$E_v = \frac{\alpha^2 k}{2}(2v+1) = \left(\frac{\hbar^2}{mk}\right)^{1/2} k\left(v + \frac{1}{2}\right) = \left(v + \frac{1}{2}\right)\left(\frac{k}{m}\right)^{1/2} \hbar \tag{3-134}$$

(3) 振動子が v という量子状態にあるときの波動関数 ψ_v を書け。

答

$$\psi_v(x) = N_v H_v(y) e^{-y^2/2}, \quad y = \frac{x}{\alpha}, \quad \alpha = \left(\frac{\hbar^2}{mk}\right)^{1/4} \tag{3-135}$$

(4) エルミート多項式の積分公式 (3-131) を用いて，振動子の波動関数 (3-135) の規格化定数を求めよ。

答

$$\int_{-\infty}^{\infty}\psi_v^*\psi_v\mathrm{d}x = \alpha\int_{-\infty}^{\infty}\psi_v^*\psi_v\mathrm{d}y = \alpha N_v^2\int_{-\infty}^{\infty}H_v(y)H_v(y)\mathrm{e}^{-y^2}\mathrm{d}y = \alpha N_v^2\pi^{1/2}2^v v! = 1 \qquad (3\text{-}136)$$

$$\therefore N_v = \left(\alpha\pi^{1/2}2^v v!\right)^{-1/2} \qquad (3\text{-}137)$$

エルミート多項式は，v が偶数のとき y の偶関数，v が奇数のとき y の奇関数となる。波動関数 $\psi_v(y)$ は，偶関数である $\mathrm{e}^{-y^2/2}$ にエルミート多項式を掛けたものであるから，v の奇偶と $\psi_v(y)$ の奇偶は対応することがわかる。またこれは $\psi_v(x)$ の奇偶とも対応する。

例題 3-20 (3) 振動の波動関数のグラフ

$v = 0, 1, 2, 3, 4, 5, 6$ のときの式 (3-135) のグラフを，横軸を y としてそれぞれ描け。

答

共通の因子を波動関数に掛けて，$\alpha^{1/2}\pi^{1/4}\psi_v(y)$ を縦軸に選んでグラフにすると図のようになる。グラフからも，v の奇偶と ψ の奇偶が対応することがわかる。また，v についての比較から，v が大きくなると波動関数が極大をとる位置は外側へ移動し，極大値は徐々に減少することがわかる。

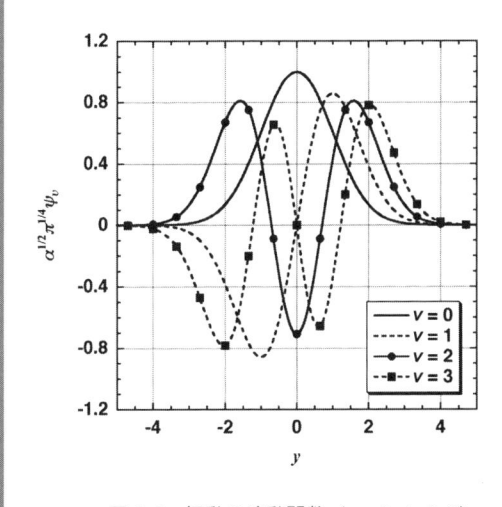

図 3-5 振動の波動関数 ($v = 0, 1, 2, 3$) 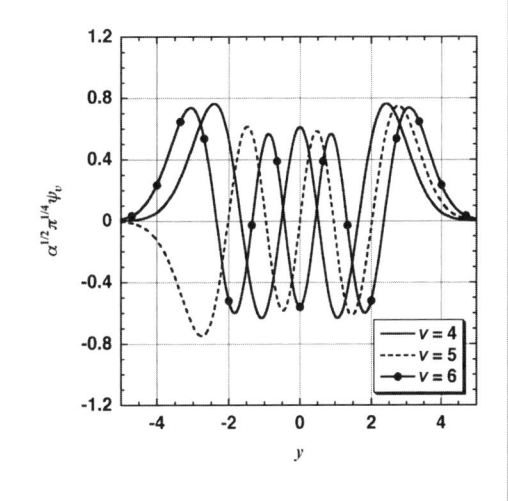　　　図 3-6 振動の波動関数 ($v = 4, 5, 6$)

例題 3-20 (4)

振動子が v という量子状態にあるとき，変位の期待値を求めよ。

答

$$\langle x \rangle = \int_{-\infty}^{\infty}\psi_v x\psi_v \mathrm{d}x \qquad (3\text{-}138)$$

において，ψ_v が奇関数または偶関数なので，ψ_v^2 は必ず偶関数になり，したがって $x\psi_v^2$ は奇関数になる。したがって積分は 0 になる。

振動しているばねは力学的エネルギー保存則に従い，運動エネルギーとポテンシャルエネルギーの和は常に一定である。古典力学では，平衡点から離れる方向に運動していた振動子が，平衡点に向かって戻り始めるのは，速度が 0 になったときである。このときの変位を，振動子の折り返し点 x_{tp} と言う。

例題 3-20(5) 折り返し点

(1) 古典力学における振動子の折り返し点を，全力学的エネルギー E とばね定数の式で表せ。

(2) (1) の全エネルギーを量子論による全エネルギーで置き換えて，量子論による折り返し点を求めよ。

答

(1) 折り返し点では運動エネルギーが 0 だから，全エネルギーとポテンシャルエネルギーが等しい。

$$\frac{1}{2}kx_{tp}^2 = E, \qquad \therefore x_{tp} = \left(\frac{2E}{k}\right)^{1/2} \tag{3-139}$$

(2) 式 (3-139) に，量子論で得られた (3-134) 式の E_v を代入する。

$$x_{tp} = \left(\frac{2E_v}{k}\right)^{1/2} = \left(\frac{2\left(v+\frac{1}{2}\right)\left(\frac{k}{m}\right)^{1/2}\hbar}{k}\right)^{1/2} = (2v+1)^{1/2}\left(\frac{1}{mk}\right)^{1/4}\hbar^{1/2} \tag{3-140}$$

つまり

$$y_{tp} = \frac{x_{tp}}{\alpha} = (2v+1)^{1/2} \tag{3-141}$$

例題 3-20(6) 確率密度関数

例題 3-20(3) から $v = 6$ の確率密度関数を描き，式 (3-141) の量子論による折り返し点と比較せよ。

答

確率密度関数は $|\psi_v|^2$ である。**例題 3-20(3)** と同じく，共通因子を含めた $\alpha\pi^{1/2}\{\psi_v(y)\}^2$ を y の関数としてグラフに描く。量子論による折り返し点は，式 (3-141) より $y_{tp} = \sqrt{13} = 3.606$ で，確率密度が最大となる点の少し外側に折り返し点があることがわかる。y_{tp} における確率密度は $0.2317\alpha\pi^{1/2}$ である。

図 3-7 振動子の確率密度関数
量子論による折り返し点を矢印で示した

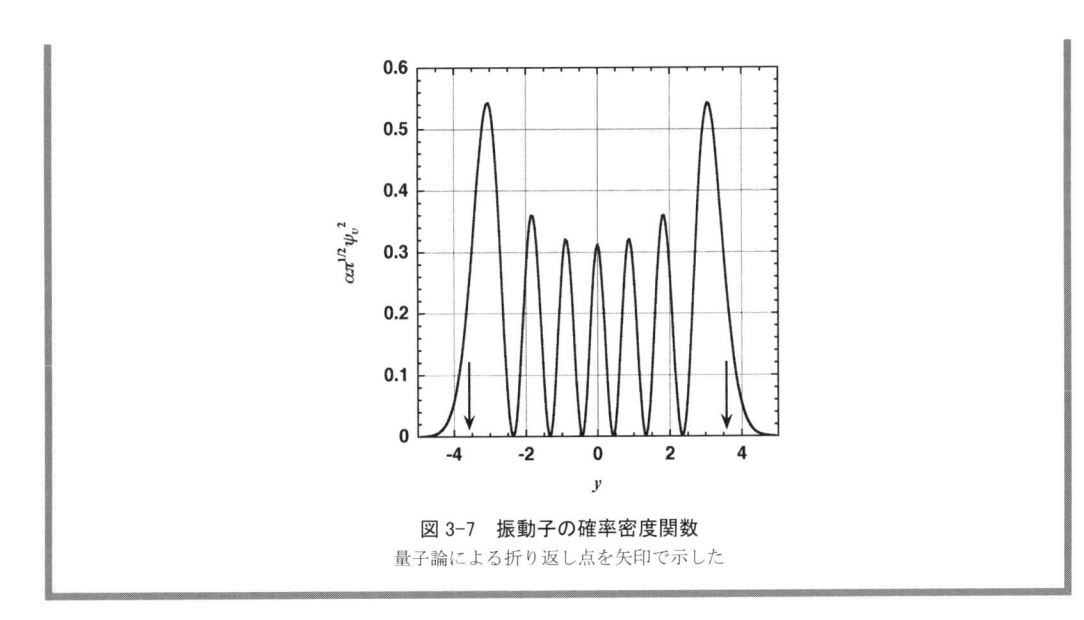

自習問題 3-20 (1)

振動子が v という量子状態にあるとき，変位の二乗の期待値を求めよ。

ヒント　漸化式（3-129）を利用する。

自習問題 3-20 (2)

数学ソフトウエア Mathematica では，エルミート多項式 $H_v(y)$ は HermiteH[v, y] という関数で表される。$v = 20$ の時の確率密度関数のグラフを描き，量子論的折り返し点と比較せよ。

3-2-10　二次元回転運動

二次元回転運動とは，具体的にはポテンシャルエネルギー $V = 0$ の環の上での粒子の運動を意味する。まず，古典力学を用いてこの回転運動を考えよう。

(1) xy 平面上の原点を中心とし，半径 r の円周上を質量 m の質点が運動するとき，慣性モーメント I は

$$I = mr^2 \tag{3-142}$$

(2) この円運動における角速度を ω とすると，速度 v は幾何学的配置から

$$v = r\omega \tag{3-143}$$

(3) この円運動における運動量 p は

$$p = mv = mr\omega \tag{3-144}$$

(4) このときの角運動量 J_z は

$$J_z = pr \tag{3-145}$$

例題 3-21(1)　二次元の回転

二次元の回転している粒子の運動エネルギー E_k を，角運動量 J_z と慣性モーメント I を用いて表せ。

答

$$E_k = \frac{p^2}{2m} = \frac{J_z^2}{2mr^2} = \frac{J_z^2}{2I} \tag{3-146}$$

例題 3-21(2)　量子化

(1) 角運動量の式（3-145）にド・ブロイの関係式を代入して，角運動量を波長の式で表せ。

(2) 粒子の波が定常波であるためには，粒子が一周して戻ってきたときに波の位相が元と一致しなければならない（円運動における境界条件）。これを満たすために，波長に課される条件を書け。

(3) (2)で得られた条件を使って，角運動量に対する条件を求めよ。

(4) 上の条件から，運動エネルギー E_k に対する条件を示せ。

答

(1) ド・ブロイの関係式（3-18）より

$$J_z = pr = \frac{hr}{\lambda} \tag{3-147}$$

(2) 粒子が円軌道を一周した時に位相が元に戻ればよいから，整数 m_l を用いて

$$m_l \lambda = 2\pi r \tag{3-148}$$

この式は，波長が離散的であることを示している。整数 m_l には 0 も許され，これは無限大の波長に対応する。

(3) 角運動量に対する条件は

$$J_z = \frac{hr}{\lambda} = \frac{m_l h r}{2\pi r} = \frac{m_l h}{2\pi} = m_l \hbar \tag{3-149}$$

これより，角運動量は $\hbar$ を単位としてその整数倍に制限されていることがわかる。

(4) 運動エネルギー E_k に対する条件は下記のようになる。

$$E_k = \frac{J_z^2}{2I} = \frac{m_l^2 \hbar^2}{2I} \tag{3-150}$$

この系はポテンシャルエネルギーが 0 であるため，運動エネルギーは全エネルギーに等しく，その値は m_l の二乗に比例する離散的な値をとる。

二次元の極座標では，デカルト座標 (x, y) と次の関係にある座標 (r, θ) を使用する。

$$x = r\cos\phi, \quad y = r\sin\phi \tag{3-151}$$

例題 3-22 二次元の極座標

(1) r と ϕ を, x と y を用いて表せ。

答

ϕ を消去するために, $\sin^2\phi + \cos^2\phi = 1$ の関係を用いる。

$$r = \sqrt{x^2 + y^2} \tag{3-152}$$

また y を x で割れば, r を消去できる。

$$\frac{y}{x} = \tan\phi \qquad \therefore \quad \phi = \tan^{-1}\frac{y}{x} \tag{3-153}$$

---

(2) $\dfrac{\partial}{\partial x}\psi(r,\phi)$ と $\dfrac{\partial}{\partial y}\psi(r,\phi)$ を, $\dfrac{\partial \psi}{\partial r}$ と $\dfrac{\partial \psi}{\partial \phi}$ を用いて表せ。

答

合成関数の微分により

$$\begin{aligned}\frac{\partial}{\partial x}\psi(r,\phi) &= \frac{\partial r}{\partial x}\frac{\partial \psi}{\partial r} + \frac{\partial \phi}{\partial x}\frac{\partial \psi}{\partial \phi} = \frac{x}{\sqrt{x^2+y^2}}\frac{\partial \psi}{\partial r} - \frac{y}{x^2+y^2}\frac{\partial \psi}{\partial \phi} \\ &= \cos\phi\frac{\partial \psi}{\partial r} - \frac{\sin\phi}{r}\frac{\partial \psi}{\partial \phi}\end{aligned} \tag{3-154}$$

$$\begin{aligned}\frac{\partial}{\partial y}\psi(r,\phi) &= \frac{\partial r}{\partial y}\frac{\partial \psi}{\partial r} + \frac{\partial \phi}{\partial y}\frac{\partial \psi}{\partial \phi} = \frac{y}{\sqrt{x^2+y^2}}\frac{\partial \psi}{\partial r} + \frac{x}{x^2+y^2}\frac{\partial \psi}{\partial \phi} \\ &= \sin\phi\frac{\partial \psi}{\partial r} + \frac{\cos\phi}{r}\frac{\partial \psi}{\partial \phi}\end{aligned} \tag{3-155}$$

---

(3) (2) の結果より, 微分演算子 $\dfrac{\partial}{\partial x}$ と $\dfrac{\partial}{\partial y}$ を, $\dfrac{\partial}{\partial r}$ と $\dfrac{\partial}{\partial \phi}$ を用いて表せ。

答

(2) の結果は任意の関数について成立するから, 次の微分演算子の関係と見ることができる。

$$\frac{\partial}{\partial x} = \cos\phi\frac{\partial}{\partial r} - \frac{\sin\phi}{r}\frac{\partial}{\partial \phi}, \qquad \frac{\partial}{\partial y} = \sin\phi\frac{\partial}{\partial r} + \frac{\cos\phi}{r}\frac{\partial}{\partial \phi} \tag{3-156}$$

---

(4) 運動エネルギー演算子の主要部分 $\dfrac{\partial^2}{\partial x^2} + \dfrac{\partial^2}{\partial y^2}$ を極座標による微分演算子で表すために, まず $\dfrac{\partial^2}{\partial x^2}\psi$ を極座標による微分演算子で表せ。

答

x による偏微分を繰り返す。

$$\frac{\partial^2}{\partial x^2}\psi = \frac{\partial}{\partial x}\frac{\partial}{\partial x}\psi = \left(\cos\phi\frac{\partial}{\partial r} - \frac{\sin\phi}{r}\frac{\partial}{\partial \phi}\right)\left(\cos\phi\frac{\partial}{\partial r} - \frac{\sin\phi}{r}\frac{\partial}{\partial \phi}\right)\psi$$

$$= \left(\cos\phi\frac{\partial}{\partial r} - \frac{\sin\phi}{r}\frac{\partial}{\partial \phi}\right)\left(\cos\phi\frac{\partial \psi}{\partial r} - \frac{\sin\phi}{r}\frac{\partial \psi}{\partial \phi}\right)$$

$$= \cos\phi\frac{\partial}{\partial r}\left(\cos\phi\frac{\partial \psi}{\partial r} - \frac{\sin\phi}{r}\frac{\partial \psi}{\partial \phi}\right) - \frac{\sin\phi}{r}\frac{\partial}{\partial \phi}\left(\cos\phi\frac{\partial \psi}{\partial r} - \frac{\sin\phi}{r}\frac{\partial \psi}{\partial \phi}\right)$$

$$= \cos\phi\left(\cos\phi\frac{\partial^2 \psi}{\partial r^2} + \frac{\sin\phi}{r^2}\frac{\partial \psi}{\partial \phi} - \frac{\sin\phi}{r}\frac{\partial^2 \psi}{\partial r\partial \phi}\right) \qquad (3\text{-}157)$$

$$\quad - \frac{\sin\phi}{r}\left(-\sin\phi\frac{\partial \psi}{\partial r} + \cos\phi\frac{\partial^2 \psi}{\partial r\partial \phi} - \frac{\cos\phi}{r}\frac{\partial \psi}{\partial \phi} - \frac{\sin\phi}{r}\frac{\partial^2 \psi}{\partial \phi^2}\right)$$

$$= \cos^2\phi\frac{\partial^2 \psi}{\partial r^2} + \frac{2\sin\phi\cos\phi}{r^2}\frac{\partial \psi}{\partial \phi} - \frac{2\sin\phi\cos\phi}{r}\frac{\partial^2 \psi}{\partial r\partial \phi}$$

$$\quad + \frac{\sin^2\phi}{r}\frac{\partial \psi}{\partial r} + \frac{\sin^2\phi}{r^2}\frac{\partial^2 \psi}{\partial \phi^2}$$

------

(5) 同じく $\dfrac{\partial^2}{\partial y^2}\psi$ を極座標による微分演算子で表せ。

答

(4) と同様に

$$\frac{\partial^2}{\partial y^2}\psi = \left(\sin\phi\frac{\partial}{\partial r} + \frac{\cos\phi}{r}\frac{\partial}{\partial \phi}\right)\left(\sin\phi\frac{\partial \psi}{\partial r} + \frac{\cos\phi}{r}\frac{\partial \psi}{\partial \phi}\right)$$

$$= \sin\phi\frac{\partial}{\partial r}\left(\sin\phi\frac{\partial \psi}{\partial r} + \frac{\cos\phi}{r}\frac{\partial \psi}{\partial \phi}\right) + \frac{\cos\phi}{r}\frac{\partial}{\partial \phi}\left(\sin\phi\frac{\partial \psi}{\partial r} + \frac{\cos\phi}{r}\frac{\partial \psi}{\partial \phi}\right)$$

$$= \sin\phi\left(\sin\phi\frac{\partial^2 \psi}{\partial r^2} - \frac{\cos\phi}{r^2}\frac{\partial \psi}{\partial \phi} + \frac{\cos\phi}{r}\frac{\partial^2 \psi}{\partial r\partial \phi}\right) \qquad (3\text{-}158)$$

$$\quad + \frac{\cos\phi}{r}\left(\cos\phi\frac{\partial \psi}{\partial r} + \sin\phi\frac{\partial^2 \psi}{\partial r\partial \phi} - \frac{\sin\phi}{r}\frac{\partial \psi}{\partial \phi} + \frac{\cos\phi}{r}\frac{\partial^2 \psi}{\partial \phi^2}\right)$$

$$= \sin^2\phi\frac{\partial^2 \psi}{\partial r^2} - \frac{2\sin\phi\cos\phi}{r^2}\frac{\partial \psi}{\partial \phi} + \frac{2\sin\phi\cos\phi}{r}\frac{\partial^2 \psi}{\partial r\partial \phi}$$

$$\quad + \frac{\cos^2\phi}{r}\frac{\partial \psi}{\partial r} + \frac{\cos^2\phi}{r^2}\frac{\partial^2 \psi}{\partial \phi^2}$$

------

(6) (4) と (5) の結果を加えて、$\dfrac{\partial^2 \psi}{\partial x^2} + \dfrac{\partial^2 \psi}{\partial y^2}$ を極座標による微分演算子で表せ。

答

$$\frac{\partial^2 \psi}{\partial x^2} + \frac{\partial^2 \psi}{\partial y^2} = \cos^2\phi \frac{\partial^2 \psi}{\partial r^2} + \frac{2\sin\phi\cos\phi}{r^2}\frac{\partial \psi}{\partial \phi} - \frac{2\sin\phi\cos\phi}{r}\frac{\partial^2 \psi}{\partial r \partial \phi}$$
$$+ \frac{\sin^2\phi}{r}\frac{\partial \psi}{\partial r} + \frac{\sin^2\phi}{r^2}\frac{\partial^2 \psi}{\partial \phi^2}$$
$$+ \sin^2\phi \frac{\partial^2 \psi}{\partial r^2} - \frac{2\sin\phi\cos\phi}{r^2}\frac{\partial \psi}{\partial \phi} + \frac{2\sin\phi\cos\phi}{r}\frac{\partial^2 \psi}{\partial r \partial \phi} \quad (3\text{-}159)$$
$$+ \frac{\cos^2\phi}{r}\frac{\partial \psi}{\partial r} + \frac{\cos^2\phi}{r^2}\frac{\partial^2 \psi}{\partial \phi^2}$$
$$= \frac{\partial^2 \psi}{\partial r^2} + \frac{1}{r}\frac{\partial \psi}{\partial r} + \frac{1}{r^2}\frac{\partial^2 \psi}{\partial \phi^2}$$

例題 3-23（1）

ポテンシャルエネルギーが 0 で，半径 r の環の上を運動する質量 m の粒子を考える。

(1) シュレーディンガー方程式を書け。
(2) その一般解とエネルギー固有値を求めよ。
(3) 周期的境界条件を満たす解を求めよ。
(4) その波動関数を規格化せよ。

答

(1) ハミルトニアンは，**例題 3-22** より

$$\hat{H} = -\frac{\hbar^2}{2m}\left(\frac{\partial^2}{\partial x^2} + \frac{\partial^2}{\partial y^2}\right) = -\frac{\hbar^2}{2m}\left(\frac{\partial^2}{\partial r^2} + \frac{1}{r}\frac{\partial}{\partial r} + \frac{1}{r^2}\frac{\partial^2}{\partial \phi^2}\right) \quad (3\text{-}160)$$

ここで r が一定だから，r に対する偏微分が消え

$$\hat{H} = -\frac{\hbar^2}{2mr^2}\frac{d^2}{d\phi^2} = -\frac{\hbar^2}{2I}\frac{d^2}{d\phi^2} \quad (3\text{-}161)$$

したがって，シュレーディンガー方程式は

$$\hat{H}\psi = -\frac{\hbar^2}{2I}\frac{d^2\psi}{d\phi^2} = E\psi, \qquad \frac{d^2\psi}{d\phi^2} = -\frac{2IE}{\hbar^2}\psi \quad (3\text{-}162)$$

(2) 一般解は A, B を積分定数として

$$\psi_{m_l}(\phi) = A e^{im_l\phi} + B e^{-im_l\phi} \quad (3\text{-}163)$$

エネルギー固有値は

$$\frac{d^2\psi_{m_l}}{d\phi^2} = -m_l^2 \psi_{m_l} = -\frac{2IE}{\hbar^2}\psi_{m_l}, \qquad E = \frac{\hbar^2 m_l^2}{2I} \quad (3\text{-}164)$$

(3) 一周した時に位相が元に戻ればよいから

$$\psi_{m_l}(\phi + 2\pi) = A e^{im_l(\phi+2\pi)} + B e^{-im_l(\phi+2\pi)} = A e^{im_l\phi} e^{i2m_l\pi} + B e^{-im_l\phi} e^{-i2m_l\pi} \quad (3\text{-}165)$$

より，$e^{\pm i2m_l\pi} = 1$ が満たされなければならない。したがって，m_l は 0 を含む整数である。

(4) 規格化定数 N は

$$\begin{aligned}
N^2 \int_0^{2\pi} \psi_{m_l}^* \psi_{m_l} d\phi &= N^2 \int_0^{2\pi} \left(A^* e^{-im_l\phi} + B^* e^{im_l\phi} \right) \left(A e^{im_l\phi} + B e^{-im_l\phi} \right) d\phi \\
&= N^2 \int_0^{2\pi} \left(A^*A + B^*B + A^*B e^{-i2m_l\phi} + B^*A e^{i2m_l\phi} \right) d\phi \\
&= N^2 \left(A^*A + B^*B \right) 2\pi = 1 \\
&\therefore N = \left[2\pi \left(A^*A + B^*B \right) \right]^{-1/2}
\end{aligned} \tag{3-166}$$

注 一般解 (3-163) は,$A = B$ の実数と選べば $\psi = \cos m_l\phi$,$A = -B$ の純虚数と選べば $\psi = \sin m_l\phi$ になる。$A = 1$,$B = 0$ なら $\psi = e^{im_l\phi}$,$A = 0$,$B = 1$ とすると $\psi = e^{-im_l\phi}$ となる。取り扱い易さから,$\psi = e^{im_l\phi}$ がよく使われる。

古典力学における角運動量は,次のようにベクトルの外積で書かれる。

$$\boldsymbol{L} = \boldsymbol{r} \times \boldsymbol{p} \tag{3-167}$$

この z 成分が,今の問題の角運動量である。

$$l_z \equiv xp_y - yp_x \tag{3-168}$$

運動量 p を式 (3-22) の運動量演算子で置き換えて,角運動量の演算子が得られる。

$$\hat{l}_z = \frac{\hbar}{i} \left(x \frac{\partial}{\partial y} - y \frac{\partial}{\partial x} \right) \tag{3-169}$$

例題 3-23 (2) 角運動量の量子化

ポテンシャルエネルギーが 0 で,半径 r の環の上を運動する質量 m の粒子では,エネルギーは式 (3-164) で示されたように離散的な値をとる。角運動量はどうなるかを次の手順で調べよ。

(1) 角運動量演算子を極座標で表せ。
(2) (1) で得た角運動量演算子の固有関数と固有値を求めよ。
(3) (2) の固有関数を規格化せよ。
(4) その波動関数から確率密度を求めよ。

答

(1) 式 (3-156) を使用する。r が一定であることに注意して

$$\begin{aligned}
\hat{l}_z &= \frac{\hbar}{i} \left\{ r\cos\phi \left(\sin\phi \frac{\partial}{\partial r} + \frac{\cos\phi}{r} \frac{\partial}{\partial \phi} \right) - r\sin\phi \left(\cos\phi \frac{\partial}{\partial r} - \frac{\sin\phi}{r} \frac{\partial}{\partial \phi} \right) \right\} \\
&= \frac{\hbar}{i} \left(\cos^2\phi \frac{\partial}{\partial \phi} + \sin^2\phi \frac{\partial}{\partial \phi} \right) = \frac{\hbar}{i} \frac{\partial}{\partial \phi}
\end{aligned} \tag{3-170}$$

(2) 波動関数として,**例題 3-23 (1)** の関数を試すと

$$\hat{l}_z \psi_{m_l} = \frac{\hbar}{\mathrm{i}} \frac{\partial}{\partial \phi} \mathrm{e}^{\mathrm{i}m_l\phi} = m_l \hbar \mathrm{e}^{\mathrm{i}m_l\phi} \tag{3-171}$$

$$\therefore l_z = m_l \hbar \tag{3-172}$$

となるので，角運動量の固有関数と固有値が得られた。

(3) 規格化定数 N は

$$\int_0^{2\pi} \psi_{m_l}^* \psi_{m_l} \mathrm{d}\phi = N^2 \int_0^{2\pi} \mathrm{e}^{-\mathrm{i}m_l\phi} \mathrm{e}^{\mathrm{i}m_l\phi} \mathrm{d}\phi = N^2 2\pi = 1 \tag{3-173}$$

したがって，規格化された波動関数は

$$\psi_{m_l}(\phi) = \frac{1}{\sqrt{2\pi}} \mathrm{e}^{\mathrm{i}m_l\phi} \tag{3-174}$$

(4) 確率密度は，次のように定数となる。

$$\left(\frac{1}{\sqrt{2\pi}} \mathrm{e}^{-\mathrm{i}m_l\phi}\right)\left(\frac{1}{\sqrt{2\pi}} \mathrm{e}^{\mathrm{i}m_l\phi}\right) = \frac{1}{2\pi} \tag{3-175}$$

自習問題 3-23 (1)

不確定性原理から，ポテンシャルエネルギーが 0 である二次元回転運動（環の上での運動）での角度の不確かさ $\Delta\phi$ の大きさを求めよ。

自習問題 3-23 (2)

運動が環の上だけに拘束された粒子の（二次元回転）運動を古典力学で考える。質量 1.0 kg の物体が半径 2.0 m の環上に静止していて，これに 3.0 N の力をかけて回転させる。(1) 慣性モーメント I を求めよ。(2) 偶力（力のモーメント）T を求めよ。(3) 4.0 秒間この偶力 T をかけ続けたら，角運動量 J と運動エネルギー E_k はいくらになるか。

自習問題 3-23 (3)

半径 r の環上に拘束された質量 m の粒子の運動を古典力学で考える。(1) 一定の周期 τ で円運動しているとしたら，この系の角運動量 J はいくらか。(2) $m = 2.0$ kg，$r = 3.0$ m，$\tau = 4.0$ s とすると，角運動量 J の大きさはいくらか。

自習問題 3-23 (4)

N 個の原子からなる分子の慣性モーメントは次の式で定義される。ここで m_i は質量，r_i は回転軸からの距離である。

$$I = \sum_{i=1}^{N} m_i r_i^2$$

(1) 質量 m の原子による二原子分子の核間距離が $2r$ であるとき，この分子の慣性モーメント

を求めよ。

(2) 水素分子の慣性モーメントを計算せよ。核間距離を 74 pm とする。

自習問題 3-23 (5)

式 (3-161) のハミルトニアンを関数 $e^{im_l\phi}$ に演算せよ。

自習問題 3-23 (6)

古典力学で次の問に答えよ。半径 1.0 Å の環上を動く質量 2.0×10^{-34} kg の粒子が，3.0×10^{-23} J の運動エネルギーを持つとする。この粒子の角速度 ω と回転周期 T を求めよ。

自習問題 3-23 (7)

量子論で次の問に答えよ。二次元回転運動において量子数が $m_l = 2$ であるとき，(1) 角運動量 J_z はいくらか。(2) 環の半径 3.0 Å，粒子の質量 4.0×10^{-34} kg の場合，運動エネルギー E_k を計算せよ。

3-2-11 三次元回転運動

半径 r の球の表面上を自由に動く質量 m の粒子を考える。運動の取り扱い方は慣性モーメント I の分子の回転と同等で，$I = mr^2$ である。ポテンシャルエネルギーを V とするとき，この系のハミルトニアンは

$$\hat{H} = -\frac{\hbar^2}{2m}\left(\frac{\partial^2}{\partial x^2} + \frac{\partial^2}{\partial y^2} + \frac{\partial^2}{\partial z^2}\right) + V \tag{3-176}$$

ここで

$$\nabla^2 = \frac{\partial^2}{\partial x^2} + \frac{\partial^2}{\partial y^2} + \frac{\partial^2}{\partial z^2} \tag{3-177}$$

とすると，ハミルトニアンは

$$H = -\frac{\hbar^2}{2m}\nabla^2 + V \tag{3-178}$$

と書ける。演算子 ∇^2 をラプラシアンという。

波動方程式は，三次元の極座標を使って書く方が解きやすい。三次元極座標 (r, θ, ϕ) は，デカルト座標 (x, y, z) と次の関係がある。

$$x = r\sin\theta\cos\phi, \quad y = r\sin\theta\sin\phi, \quad z = r\cos\theta \tag{3-179}$$

二次元の回転（例題 3-22）で行ったのと同様に，次の方針にしたがってラプラシアンを三次元極座標で表そう。

例題 3-24(1) ハミルトニアンの極座標表示

(1) (r, θ, ϕ) を，(x, y, z) を用いてそれぞれ表せ。

答

$$r = \sqrt{x^2 + y^2 + z^2}, \quad \theta = \tan^{-1}\frac{\sqrt{x^2+y^2}}{z}, \quad \phi = \tan^{-1}\frac{y}{x} \tag{3-180}$$

------

(2) $\dfrac{\partial}{\partial x}\psi(r,\theta,\phi), \dfrac{\partial}{\partial y}\psi(r,\theta,\phi), \dfrac{\partial}{\partial z}\psi(r,\theta,\phi)$ を，$\dfrac{\partial \psi}{\partial r}, \dfrac{\partial \psi}{\partial \theta}, \dfrac{\partial \psi}{\partial \phi}$ を用いてそれぞれ表せ。

答

合成関数の微分により

$$\begin{aligned}
\frac{\partial}{\partial x}\psi &= \frac{\partial r}{\partial x}\frac{\partial \psi}{\partial r} + \frac{\partial \theta}{\partial x}\frac{\partial \psi}{\partial \theta} + \frac{\partial \phi}{\partial x}\frac{\partial \psi}{\partial \phi} \\
\frac{\partial}{\partial y}\psi &= \frac{\partial r}{\partial y}\frac{\partial \psi}{\partial r} + \frac{\partial \theta}{\partial y}\frac{\partial \psi}{\partial \theta} + \frac{\partial \phi}{\partial y}\frac{\partial \psi}{\partial \phi} \\
\frac{\partial}{\partial z}\psi &= \frac{\partial r}{\partial z}\frac{\partial \psi}{\partial r} + \frac{\partial \theta}{\partial z}\frac{\partial \psi}{\partial \theta} + \frac{\partial \phi}{\partial z}\frac{\partial \psi}{\partial \phi}
\end{aligned} \tag{3-181}$$

ここに出てくる微分係数を計算する。まず $r = \sqrt{x^2+y^2+z^2}$ より

$$\begin{aligned}
\frac{\partial r}{\partial x} &= \frac{2x}{2\sqrt{x^2+y^2+z^2}} = \frac{x}{r} = \sin\theta\cos\phi \\
\frac{\partial r}{\partial y} &= \frac{2y}{2\sqrt{x^2+y^2+z^2}} = \frac{y}{r} = \sin\theta\sin\phi \\
\frac{\partial r}{\partial z} &= \frac{2z}{2\sqrt{x^2+y^2+z^2}} = \frac{z}{r} = \cos\theta
\end{aligned} \tag{3-182}$$

次に $\theta = \tan^{-1}\dfrac{\sqrt{x^2+y^2}}{z}$ より

$$\begin{aligned}
\frac{\partial \theta}{\partial x} &= \frac{1}{1+\frac{x^2+y^2}{z^2}}\frac{\partial}{\partial x}\frac{\sqrt{x^2+y^2}}{z} = \frac{z^2}{x^2+y^2+z^2}\frac{x}{z\sqrt{x^2+y^2}} \\
&= \frac{r^2\cos^2\theta}{r^2}\frac{r\sin\theta\cos\phi}{r\cos\theta\sqrt{r^2\sin^2\theta}} = \frac{\cos\theta\cos\phi}{r} \\
\frac{\partial \theta}{\partial y} &= \frac{z^2}{x^2+y^2+z^2}\frac{\partial}{\partial y}\frac{\sqrt{x^2+y^2}}{z} = \frac{z^2}{x^2+y^2+z^2}\frac{y}{z\sqrt{x^2+y^2}} \\
&= \frac{r^2\cos^2\theta}{r^2}\frac{r\sin\theta\sin\phi}{r\cos\theta\sqrt{r^2\sin^2\theta}} = \frac{\cos\theta\sin\phi}{r} \\
\frac{\partial \theta}{\partial z} &= \frac{z^2}{x^2+y^2+z^2}\frac{\partial}{\partial z}\frac{\sqrt{x^2+y^2}}{z} = \frac{z^2}{x^2+y^2+z^2}\left(-\frac{\sqrt{x^2+y^2}}{z^2}\right) \\
&= -\frac{\sqrt{r^2\sin^2\theta}}{r^2} = -\frac{\sin\theta}{r}
\end{aligned} \tag{3-183}$$

最後に $\phi = \tan^{-1}\dfrac{y}{x}$ より

$$\frac{\partial \phi}{\partial x} = \frac{1}{1+\dfrac{y^2}{x^2}}\frac{\partial}{\partial x}\frac{y}{x} = -\frac{y}{x^2+y^2} = -\frac{r\sin\theta\sin\phi}{r^2\sin^2\theta} = -\frac{\sin\phi}{r\sin\theta}$$

$$\frac{\partial \phi}{\partial y} = \frac{x^2}{x^2+y^2}\frac{1}{x} = \frac{r\sin\theta\cos\phi}{r^2\sin^2\theta} = \frac{\cos\phi}{r\sin\theta} \tag{3-184}$$

$$\frac{\partial \phi}{\partial z} = 0$$

よって

$$\frac{\partial}{\partial x}\psi = \sin\theta\cos\phi\frac{\partial\psi}{\partial r} + \frac{\cos\theta\cos\phi}{r}\frac{\partial\psi}{\partial \theta} - \frac{\sin\phi}{r\sin\theta}\frac{\partial\psi}{\partial \phi}$$

$$\frac{\partial}{\partial y}\psi = \sin\theta\sin\phi\frac{\partial\psi}{\partial r} + \frac{\cos\theta\sin\phi}{r}\frac{\partial\psi}{\partial \theta} + \frac{\cos\phi}{r\sin\theta}\frac{\partial\psi}{\partial \phi} \tag{3-185}$$

$$\frac{\partial}{\partial z}\psi = \cos\theta\frac{\partial\psi}{\partial r} - \frac{\sin\theta}{r}\frac{\partial\psi}{\partial \theta}$$

------

(3) $\dfrac{\partial^2}{\partial x^2}\psi$ を極座標による微分演算子で表せ。

答

$$\begin{aligned}\frac{\partial^2 \psi}{\partial x^2} &= \sin\theta\cos\phi\frac{\partial}{\partial r}\left(\sin\theta\cos\phi\frac{\partial\psi}{\partial r} + \frac{\cos\theta\cos\phi}{r}\frac{\partial\psi}{\partial \theta} - \frac{\sin\phi}{r\sin\theta}\frac{\partial\psi}{\partial \phi}\right)\\ &+ \frac{\cos\theta\cos\phi}{r}\frac{\partial}{\partial \theta}\left(\sin\theta\cos\phi\frac{\partial\psi}{\partial r} + \frac{\cos\theta\cos\phi}{r}\frac{\partial\psi}{\partial \theta} - \frac{\sin\phi}{r\sin\theta}\frac{\partial\psi}{\partial \phi}\right)\\ &- \frac{\sin\phi}{r\sin\theta}\frac{\partial}{\partial \phi}\left(\sin\theta\cos\phi\frac{\partial\psi}{\partial r} + \frac{\cos\theta\cos\phi}{r}\frac{\partial\psi}{\partial \theta} - \frac{\sin\phi}{r\sin\theta}\frac{\partial\psi}{\partial \phi}\right)\end{aligned} \tag{3-186}$$

各項をそれぞれ T_{x1}, T_{x2}, T_{x3} とおいて

$$\frac{\partial^2 \psi}{\partial x^2} = T_{x1} + T_{x2} - T_{x3} \tag{3-187}$$

$$\begin{aligned}T_{x1} &= \sin\theta\cos\phi\left(\begin{array}{l}\sin\theta\cos\phi\dfrac{\partial^2\psi}{\partial r^2} - \dfrac{\cos\theta\cos\phi}{r^2}\dfrac{\partial\psi}{\partial \theta} + \dfrac{\cos\theta\cos\phi}{r}\dfrac{\partial^2\psi}{\partial r\partial\theta}\\ + \dfrac{\sin\phi}{r^2\sin\theta}\dfrac{\partial\psi}{\partial \phi} - \dfrac{\sin\phi}{r\sin\theta}\dfrac{\partial^2\psi}{\partial r\partial\phi}\end{array}\right)\\ &= \sin^2\theta\cos^2\phi\frac{\partial^2\psi}{\partial r^2} - \frac{\sin\theta\cos\theta\cos^2\phi}{r^2}\frac{\partial\psi}{\partial \theta}\\ &+ \frac{\sin\theta\cos\theta\cos^2\phi}{r}\frac{\partial^2\psi}{\partial r\partial\theta} + \frac{\sin\phi\cos\phi}{r^2}\frac{\partial\psi}{\partial \phi} - \frac{\sin\phi\cos\phi}{r}\frac{\partial^2\psi}{\partial r\partial\phi}\end{aligned} \tag{3-188}$$

$$T_{x2} = \frac{\cos\theta\cos\phi}{r}\left(\cos\theta\cos\phi\frac{\partial\psi}{\partial r} + \sin\theta\cos\phi\frac{\partial^2\psi}{\partial r\partial\theta} - \frac{\sin\theta\cos\phi}{r}\frac{\partial\psi}{\partial\theta}\right.$$
$$\left. + \frac{\cos\theta\cos\phi}{r}\frac{\partial^2\psi}{\partial\theta^2} + \frac{\cos\theta\sin\phi}{r\sin^2\theta}\frac{\partial\psi}{\partial\phi} - \frac{\sin\phi}{r\sin\theta}\frac{\partial^2\psi}{\partial\theta\partial\phi}\right) \quad (3\text{-}189)$$
$$= \frac{\cos^2\theta\cos^2\phi}{r}\frac{\partial\psi}{\partial r} + \frac{\sin\theta\cos\theta\cos^2\phi}{r}\frac{\partial^2\psi}{\partial r\partial\theta} - \frac{\sin\theta\cos\theta\cos^2\phi}{r^2}\frac{\partial\psi}{\partial\theta}$$
$$+ \frac{\cos^2\theta\cos^2\phi}{r^2}\frac{\partial^2\psi}{\partial\theta^2} + \frac{\cos^2\theta\sin\phi\cos\phi}{r^2\sin^2\theta}\frac{\partial\psi}{\partial\phi} - \frac{\cos\theta\sin\phi\cos\phi}{r^2\sin\theta}\frac{\partial^2\psi}{\partial\theta\partial\phi}$$

$$T_{x3} = \frac{\sin\phi}{r\sin\theta}\left(-\sin\theta\sin\phi\frac{\partial\psi}{\partial r} + \sin\theta\cos\phi\frac{\partial^2\psi}{\partial r\partial\phi} - \frac{\cos\theta\sin\phi}{r}\frac{\partial\psi}{\partial\theta}\right.$$
$$\left. + \frac{\cos\theta\cos\phi}{r}\frac{\partial\psi}{\partial\theta\partial\phi} - \frac{\cos\phi}{r\sin\theta}\frac{\partial\psi}{\partial\phi} - \frac{\sin\phi}{r\sin\theta}\frac{\partial^2\psi}{\partial\phi^2}\right) \quad (3\text{-}190)$$
$$= -\frac{\sin^2\phi}{r}\frac{\partial\psi}{\partial r} + \frac{\sin\phi\cos\phi}{r}\frac{\partial^2\psi}{\partial r\partial\phi} - \frac{\cos\theta\sin^2\phi}{r^2\sin\theta}\frac{\partial\psi}{\partial\theta}$$
$$+ \frac{\cos\theta\sin\phi\cos\phi}{r^2\sin\theta}\frac{\partial\psi}{\partial\theta\partial\phi} - \frac{\sin\phi\cos\phi}{r^2\sin^2\theta}\frac{\partial\psi}{\partial\phi} - \frac{\sin^2\phi}{r^2\sin^2\theta}\frac{\partial^2\psi}{\partial\phi^2}$$

したがって

$$\frac{\partial^2\psi}{\partial x^2} = T_{x1} + T_{x2} - T_{x3}$$
$$= \sin^2\theta\cos^2\phi\frac{\partial^2\psi}{\partial r^2} - \frac{\sin\theta\cos\theta\cos^2\phi}{r^2}\frac{\partial\psi}{\partial\theta} + \frac{\sin\theta\cos\theta\cos^2\phi}{r}\frac{\partial^2\psi}{\partial r\partial\theta}$$
$$+ \frac{\sin\phi\cos\phi}{r^2}\frac{\partial\psi}{\partial\phi} - \frac{\sin\phi\cos\phi}{r}\frac{\partial^2\psi}{\partial r\partial\phi}$$
$$+ \frac{\cos^2\theta\cos^2\phi}{r}\frac{\partial\psi}{\partial r} + \frac{\sin\theta\cos\theta\cos^2\phi}{r}\frac{\partial^2\psi}{\partial r\partial\theta} - \frac{\sin\theta\cos\theta\cos^2\phi}{r^2}\frac{\partial\psi}{\partial\theta}$$
$$+ \frac{\cos^2\theta\cos^2\phi}{r^2}\frac{\partial^2\psi}{\partial\theta^2} + \frac{\cos^2\theta\sin\phi\cos\phi}{r^2\sin^2\theta}\frac{\partial\psi}{\partial\phi} - \frac{\cos\theta\sin\phi\cos\phi}{r^2\sin\theta}\frac{\partial^2\psi}{\partial\theta\partial\phi}$$
$$+ \frac{\sin^2\phi}{r}\frac{\partial\psi}{\partial r} - \frac{\sin\phi\cos\phi}{r}\frac{\partial^2\psi}{\partial r\partial\phi} + \frac{\cos\theta\sin^2\phi}{r^2\sin\theta}\frac{\partial\psi}{\partial\theta}$$
$$- \frac{\cos\theta\sin\phi\cos\phi}{r^2\sin\theta}\frac{\partial\psi}{\partial\theta\partial\phi} + \frac{\sin\phi\cos\phi}{r^2\sin^2\theta}\frac{\partial\psi}{\partial\phi} + \frac{\sin^2\phi}{r^2\sin^2\theta}\frac{\partial^2\psi}{\partial\phi^2}$$
$$= \sin^2\theta\cos^2\phi\frac{\partial^2\psi}{\partial r^2} + \frac{\cos^2\theta\cos^2\phi}{r^2}\frac{\partial^2\psi}{\partial\theta^2} + \frac{\sin^2\phi}{r^2\sin^2\theta}\frac{\partial^2\psi}{\partial\phi^2}$$
$$+ \frac{2\sin\theta\cos\theta\cos^2\phi}{r}\frac{\partial^2\psi}{\partial r\partial\theta} - \frac{2\sin\phi\cos\phi}{r}\frac{\partial^2\psi}{\partial r\partial\phi}$$
$$- \frac{2\cos\theta\sin\phi\cos\phi}{r^2\sin\theta}\frac{\partial\psi}{\partial\theta\partial\phi} + \frac{\cos^2\theta\cos^2\phi + \sin^2\phi}{r}\frac{\partial\psi}{\partial r}$$
$$- \frac{\cos\theta\left(2\sin^2\theta\cos^2\phi - \sin^2\phi\right)}{r^2\sin\theta}\frac{\partial\psi}{\partial\theta} + \frac{2\sin\phi\cos\phi}{r^2\sin^2\theta}\frac{\partial\psi}{\partial\phi}$$

$(3\text{-}191)$

- -

(4) $\dfrac{\partial^2}{\partial y^2}\psi$ を極座標による微分演算子で表せ。

答

$$\begin{aligned}
\dfrac{\partial^2 \psi}{\partial y^2} &= \sin\theta\sin\phi \dfrac{\partial}{\partial r}\left(\sin\theta\sin\phi\dfrac{\partial\psi}{\partial r} + \dfrac{\cos\theta\sin\phi}{r}\dfrac{\partial\psi}{\partial\theta} + \dfrac{\cos\phi}{r\sin\theta}\dfrac{\partial\psi}{\partial\phi}\right) \\
&\quad + \dfrac{\cos\theta\sin\phi}{r}\dfrac{\partial}{\partial\theta}\left(\sin\theta\sin\phi\dfrac{\partial\psi}{\partial r} + \dfrac{\cos\theta\sin\phi}{r}\dfrac{\partial\psi}{\partial\theta} + \dfrac{\cos\phi}{r\sin\theta}\dfrac{\partial\psi}{\partial\phi}\right) \\
&\quad + \dfrac{\cos\phi}{r\sin\theta}\dfrac{\partial}{\partial\phi}\left(\sin\theta\sin\phi\dfrac{\partial\psi}{\partial r} + \dfrac{\cos\theta\sin\phi}{r}\dfrac{\partial\psi}{\partial\theta} + \dfrac{\cos\phi}{r\sin\theta}\dfrac{\partial\psi}{\partial\phi}\right) \\
&= T_{y1} + T_{y2} + T_{y3}
\end{aligned} \quad (3\text{-}192)$$

$$\begin{aligned}
T_{y1} &= \sin\theta\sin\phi\dfrac{\partial}{\partial r}\left(\sin\theta\sin\phi\dfrac{\partial\psi}{\partial r} + \dfrac{\cos\theta\sin\phi}{r}\dfrac{\partial\psi}{\partial\theta} + \dfrac{\cos\phi}{r\sin\theta}\dfrac{\partial\psi}{\partial\phi}\right) \\
&= \sin^2\theta\sin^2\phi\dfrac{\partial^2\psi}{\partial r^2} - \dfrac{\sin\theta\cos\theta\sin^2\phi}{r^2}\dfrac{\partial\psi}{\partial\theta} + \dfrac{\sin\theta\cos\theta\sin^2\phi}{r}\dfrac{\partial^2\psi}{\partial r\partial\theta} \\
&\quad - \dfrac{\sin\phi\cos\phi}{r^2}\dfrac{\partial\psi}{\partial\phi} + \dfrac{\sin\phi\cos\phi}{r}\dfrac{\partial^2\psi}{\partial r\partial\phi}
\end{aligned} \quad (3\text{-}193)$$

$$\begin{aligned}
T_{y2} &= \dfrac{\cos\theta\sin\phi}{r}\dfrac{\partial}{\partial\theta}\left(\sin\theta\sin\phi\dfrac{\partial\psi}{\partial r} + \dfrac{\cos\theta\sin\phi}{r}\dfrac{\partial\psi}{\partial\theta} + \dfrac{\cos\phi}{r\sin\theta}\dfrac{\partial\psi}{\partial\phi}\right) \\
&= \dfrac{\cos^2\theta\sin^2\phi}{r}\dfrac{\partial\psi}{\partial r} + \dfrac{\sin\theta\cos\theta\sin^2\phi}{r}\dfrac{\partial^2\psi}{\partial r\partial\theta} - \dfrac{\sin\theta\cos\theta\sin^2\phi}{r^2}\dfrac{\partial\psi}{\partial\theta} \\
&\quad + \dfrac{\cos^2\theta\sin^2\phi}{r^2}\dfrac{\partial^2\psi}{\partial\theta^2} - \dfrac{\cos^2\theta\sin\phi\cos\phi}{r^2\sin^2\theta}\dfrac{\partial\psi}{\partial\phi} + \dfrac{\cos\theta\sin\phi\cos\phi}{r^2\sin\theta}\dfrac{\partial^2\psi}{\partial\theta\partial\phi}
\end{aligned} \quad (3\text{-}194)$$

$$\begin{aligned}
T_{y3} &= \dfrac{\cos\phi}{r\sin\theta}\dfrac{\partial}{\partial\phi}\left(\sin\theta\sin\phi\dfrac{\partial\psi}{\partial r} + \dfrac{\cos\theta\sin\phi}{r}\dfrac{\partial\psi}{\partial\theta} + \dfrac{\cos\phi}{r\sin\theta}\dfrac{\partial\psi}{\partial\phi}\right) \\
&= \dfrac{\cos^2\phi}{r}\dfrac{\partial\psi}{\partial r} + \dfrac{\sin\phi\cos\phi}{r}\dfrac{\partial^2\psi}{\partial r\partial\phi} + \dfrac{\cos\theta\cos^2\phi}{r^2\sin\theta}\dfrac{\partial\psi}{\partial\theta} \\
&\quad + \dfrac{\cos\theta\sin\phi\cos\phi}{r^2\sin\theta}\dfrac{\partial^2\psi}{\partial\theta\partial\phi} - \dfrac{\sin\phi\cos\phi}{r^2\sin^2\theta}\dfrac{\partial\psi}{\partial\phi} + \dfrac{\cos^2\phi}{r^2\sin^2\theta}\dfrac{\partial^2\psi}{\partial\phi^2}
\end{aligned} \quad (3\text{-}195)$$

$$\begin{aligned}
\dfrac{\partial^2\psi}{\partial y^2} &= \sin^2\theta\sin^2\phi\dfrac{\partial^2\psi}{\partial r^2} + \dfrac{\cos^2\theta\sin^2\phi}{r^2}\dfrac{\partial^2\psi}{\partial\theta^2} + \dfrac{\cos^2\phi}{r^2\sin^2\theta}\dfrac{\partial^2\psi}{\partial\phi^2} \\
&\quad + \dfrac{2\sin\theta\cos\theta\sin^2\phi}{r}\dfrac{\partial^2\psi}{\partial r\partial\theta} + \dfrac{2\sin\phi\cos\phi}{r}\dfrac{\partial^2\psi}{\partial r\partial\phi} \\
&\quad + \dfrac{2\cos\theta\sin\phi\cos\phi}{r^2\sin\theta}\dfrac{\partial^2\psi}{\partial\theta\partial\phi} + \dfrac{\cos^2\theta\sin^2\phi + \cos^2\phi}{r}\dfrac{\partial\psi}{\partial r} \\
&\quad + \dfrac{\cos\theta(\cos^2\phi - 2\sin^2\theta\sin^2\phi)}{r^2\sin\theta}\dfrac{\partial\psi}{\partial\theta} - \dfrac{2\sin\phi\cos\phi}{r^2\sin^2\theta}\dfrac{\partial\psi}{\partial\phi}
\end{aligned} \quad (3\text{-}196)$$

(5) $\dfrac{\partial^2}{\partial z^2}\psi$ を極座標による微分演算子で表せ。

答

$$\begin{aligned}\dfrac{\partial^2 \psi}{\partial z^2} &= \cos\theta \dfrac{\partial}{\partial r}\left(\cos\theta\dfrac{\partial \psi}{\partial r} - \dfrac{\sin\theta}{r}\dfrac{\partial \psi}{\partial \theta}\right) - \dfrac{\sin\theta}{r}\dfrac{\partial}{\partial \theta}\left(\cos\theta\dfrac{\partial \psi}{\partial r} - \dfrac{\sin\theta}{r}\dfrac{\partial \psi}{\partial \theta}\right) \\ &= \cos^2\theta \dfrac{\partial^2 \psi}{\partial r^2} + \dfrac{\sin^2\theta}{r^2}\dfrac{\partial^2 \psi}{\partial \theta^2} - \dfrac{2\sin\theta\cos\theta}{r}\dfrac{\partial^2 \psi}{\partial r \partial \theta} + \dfrac{\sin^2\theta}{r}\dfrac{\partial \psi}{\partial r} + \dfrac{2\sin\theta\cos\theta}{r^2}\dfrac{\partial \psi}{\partial \theta}\end{aligned} \quad (3\text{-}197)$$

(6) 以上の結果から，ラプラシアンを極座標による微分演算子で表せ。

答

和を計算すると

$$\begin{aligned}\nabla^2 \psi &= \dfrac{\partial^2 \psi}{\partial x^2} + \dfrac{\partial^2 \psi}{\partial y^2} + \dfrac{\partial^2 \psi}{\partial z^2} \\ &= \cdots = \dfrac{\partial^2 \psi}{\partial r^2} + \dfrac{2}{r}\dfrac{\partial \psi}{\partial r} + \dfrac{1}{r^2 \sin^2\theta}\dfrac{\partial^2 \psi}{\partial \phi^2} + \dfrac{\cos\theta}{r^2 \sin\theta}\dfrac{\partial \psi}{\partial \theta} + \dfrac{1}{r^2}\dfrac{\partial^2 \psi}{\partial \theta^2} \\ &= \dfrac{\partial^2 \psi}{\partial r^2} + \dfrac{2}{r}\dfrac{\partial \psi}{\partial r} + \dfrac{1}{r^2}\left(\dfrac{1}{\sin^2\theta}\dfrac{\partial^2 \psi}{\partial \phi^2} + \dfrac{\cos\theta}{\sin\theta}\dfrac{\partial \psi}{\partial \theta} + \dfrac{\partial^2 \psi}{\partial \theta^2}\right) \\ &= \dfrac{\partial^2 \psi}{\partial r^2} + \dfrac{2}{r}\dfrac{\partial \psi}{\partial r} + \dfrac{1}{r^2}\left(\dfrac{1}{\sin^2\theta}\dfrac{\partial^2 \psi}{\partial \phi^2} + \dfrac{1}{\sin\theta}\dfrac{\partial}{\partial \theta}\sin\theta\dfrac{\partial \psi}{\partial \theta}\right)\end{aligned} \quad (3\text{-}198)$$

したがって，ラプラシアンは次のようにまとめられる。

$$\nabla^2 = \dfrac{\partial^2}{\partial x^2} + \dfrac{\partial^2}{\partial y^2} + \dfrac{\partial^2}{\partial z^2} = \dfrac{\partial^2}{\partial r^2} + \dfrac{2}{r}\dfrac{\partial}{\partial r} + \dfrac{1}{r^2}\Lambda^2 \quad (3\text{-}199)$$

$$\Lambda^2 = \dfrac{1}{\sin^2\theta}\dfrac{\partial^2}{\partial \phi^2} + \dfrac{1}{\sin\theta}\dfrac{\partial}{\partial \theta}\sin\theta\dfrac{\partial}{\partial \theta}$$

(7) 半径 r の球の表面上を自由に動く質量 m の粒子を考える。(6) を用いて，この系のハミルトニアンを表せ。

答

r は定数であるから

$$\hat{H} = -\dfrac{\hbar^2}{2m}\nabla^2 = -\dfrac{\hbar^2}{2mr^2}\Lambda^2 \quad (3\text{-}200)$$

例題 3-24(2) 変数分離

(1) 例題 3-24(1) の結果をもとに，三次元回転運動に対するシュレーディンガー方程式を書け。

(2) 得られた微分方程式の解 ψ は θ と ϕ の関数である。これが次式のように変数分離で

きることを示せ。

$$\psi(\theta,\phi) = \Theta(\theta)\Phi(\phi) \tag{3-201}$$

答

(1) 式 (3-200) に，慣性モーメント $I = mr^2$ と新たな定数 ε を使って

$$\hat{H}\psi = -\frac{\hbar^2}{2mr^2}\Lambda^2\psi = -\frac{\hbar^2}{2I}\Lambda^2\psi = E\psi,$$

$$\Lambda^2\psi = -\frac{2IE}{\hbar^2}\psi = -\varepsilon\psi, \qquad \varepsilon = \frac{2IE}{\hbar^2} \tag{3-202}$$

(2) 上式に式 (3-201) を代入して

$$\Lambda^2\Theta\Phi = \frac{1}{\sin^2\theta}\frac{\partial^2}{\partial\phi^2}\Theta\Phi + \frac{1}{\sin\theta}\frac{\partial}{\partial\theta}\sin\theta\frac{\partial}{\partial\theta}\Theta\Phi$$

$$= \frac{\Theta}{\sin^2\theta}\frac{d^2\Phi}{d\phi^2} + \frac{\Phi}{\sin\theta}\frac{d}{d\theta}\sin\theta\frac{d\Theta}{d\theta} = -\varepsilon\Theta\Phi \tag{3-203}$$

$\sin^2\theta$ を掛け，$\Theta\Phi$ で割ると

$$\frac{1}{\Phi}\frac{d^2\Phi}{d\phi^2} + \frac{\sin\theta}{\Theta}\frac{d}{d\theta}\sin\theta\frac{d\Theta}{d\theta} = -\varepsilon\sin^2\theta \tag{3-204}$$

左辺第一項は ϕ だけに依存し，他の項は θ だけに依存する。このため，それらを次のように定数と置くことができる。

$$\frac{1}{\Phi}\frac{d^2\Phi}{d\phi^2} = -m_l^2 \tag{3-205}$$

$$\frac{\sin\theta}{\Theta}\frac{d}{d\theta}\sin\theta\frac{d\Theta}{d\theta} + \varepsilon\sin^2\theta = m_l^2 \tag{3-206}$$

式 (3-205) の解は **例題 3-23(1)** で導いた。式 (3-206) の解は，随伴ルジャンドル関数と呼ばれる。θ についての周期的境界条件のため，下記の量子数 l が導入される。

$$\varepsilon = l(l+1) \tag{3-207}$$

m_l の許される値の範囲は，l の値によって制約を受ける。m_l のとりうる値は $(2l+1)$ 通りとなる。

$$l = 0, 1, 2, \ldots$$
$$m_l = l, l-1, l-2, \cdots, 1, 0, -1, \ldots, -(l-1), -l \tag{3-208}$$

規格化された波動関数は $Y_{l,m_l}(\theta, \phi)$ と書く。これを球面調和関数という。いくつかの例を表 3-1 に示した。エネルギー固有値は

$$E = l(l+1)\frac{\hbar^2}{2I}, \qquad l = 0, 1, 2, \ldots \tag{3-209}$$

表 3-1　球面調和関数 $Y_{l,m_l}(\theta, \phi)$

l	m_l	$Y_{l,m_l}(\theta, \phi)$
0	0	$\left(\dfrac{1}{4\pi}\right)^{1/2}$
1	0	$\left(\dfrac{3}{4\pi}\right)^{1/2}\cos\theta$
	± 1	$\mp\left(\dfrac{3}{8\pi}\right)^{1/2}\sin\theta\,e^{\pm i\phi}$
2	0	$\left(\dfrac{5}{16\pi}\right)^{1/2}(3\cos^2\theta-1)$
	± 1	$\mp\left(\dfrac{15}{8\pi}\right)^{1/2}\cos\theta\sin\theta\,e^{\pm i\phi}$
	± 2	$\left(\dfrac{15}{32\pi}\right)^{1/2}\sin^2\theta\,e^{\pm 2i\phi}$
3	0	$\left(\dfrac{7}{16\pi}\right)^{1/2}(5\cos^3\theta-3\cos\theta)$
	± 1	$\mp\left(\dfrac{21}{64\pi}\right)^{1/2}(5\cos^2\theta-1)\sin\theta\,e^{\pm i\phi}$
	± 2	$\left(\dfrac{105}{32\pi}\right)^{1/2}\sin^2\theta\cos\theta\,e^{\pm 2i\phi}$
	± 3	$\mp\left(\dfrac{35}{64\pi}\right)^{1/2}\sin^3\theta\,e^{\pm 3i\phi}$

例題 3-24（3）　角運動量

三次元回転における量子論的角運動量の大きさを求めよ。

答

古典論では，角運動量 J とエネルギー E は式（3-146）の関係がある。

$$E = \frac{J^2}{2I} \tag{3-146}$$

一方，量子論でのエネルギーは式（3-209），この二式を比べて

$$(\text{角運動量の大きさ}) = \sqrt{l(l+1)}\,\hbar, \quad l = 0, 1, 2, \cdots \tag{3-210}$$

自習問題 3-24（1）

式（3-206）において，$\Theta = c$（c は正の定数）のタイプの解 $\psi(\theta, \phi)$ と，そのエネルギー固有値 E を求めよ。また，波動関数と確率密度関数のグラフの概略を示せ。

自習問題 3-24（2）

式（3-206）において，$\Theta = \cos\theta$ のタイプの解 $\psi(\theta, \phi)$ と，そのエネルギー固有値 E を求めよ。また，波動関数と確率密度関数のグラフの概略を示せ。

自習問題 3-24 (3)

質点が球面上を運動している。量子数 $l = 1$ とする。このときの角運動量の大きさを求めよ。また，任意の軸への角運動量の射影が許されるものを計算せよ。

自習問題 3-24 (4)

球面極座標における体積要素を求めよ。

自習問題 3-24 (5)

定数 1 を，球面極座標の角度部分について全空間で積分せよ。

自習問題 3-24 (6)

球面調和関数の $l = 1$，$m_l = 1$ の時の具体的関数形を書け。この関数に角運動量演算子の z 成分を演算せよ。またこの関数にハミルトニアンを具体的に演算せよ。

3-3　水素型原子の構造とスペクトル

3-3-1　水素型原子

ポテンシャルエネルギーが二粒子間の距離だけに依存する一次元の系を考える。このような系では，系の運動を二粒子の重心の運動と粒子間距離の変化を担う運動に分解するとよい。そのための準備は以下のように行う。

(1) 全エネルギー E の式を二粒子の運動量 p_1，p_2 で書く。両者の質量を m_1，m_2，ポテンシャルエネルギーを V として

$$E = \frac{p_1^2}{2m_1} + \frac{p_2^2}{2m_2} + V \tag{3-211}$$

(2) 二粒子の座標を x_1，x_2 とするとき，重心の座標 X を求める。質量の和 $m = m_1 + m_2$ として

$$X = \frac{m_1}{m}x_1 + \frac{m_2}{m}x_2 \tag{3-212}$$

(3) 重心の座標 X と粒子間距離 $x = x_1 - x_2$ を使って，二粒子の座標 x_1，x_2 を表す。

$$x_1 = X + \frac{m_2}{m}x, \qquad x_2 = X - \frac{m_1}{m}x \tag{3-213}$$

(4) 二粒子の運動量 p_1，p_2 を，重心の座標 X と粒子間距離 x の時間微分を用いて表す。$\dot{X} = dX/dt$ などと表すと

$$p_1 = m_1\dot{x}_1 = m_1\dot{X} + \frac{m_1 m_2}{m}\dot{x}, \qquad p_2 = m_2\dot{x}_2 = m_2\dot{X} - \frac{m_1 m_2}{m}\dot{x} \tag{3-214}$$

例題 3-25(1)　内部運動の分離

上の解説で取り上げた系の運動エネルギーを，$\dot{X}$ と $\dot{x}$ を用いて表せ。

答

系の実効質量 $\mu = \dfrac{m_1 m_2}{m}$ を導入して

$$\begin{aligned}
\frac{p_1^2}{2m_1} + \frac{p_2^2}{2m_2} &= \frac{(m_1 \dot{X} + \mu \dot{x})^2}{2m_1} + \frac{(m_2 \dot{X} - \mu \dot{x})^2}{2m_2} \\
&= \frac{m_1^2 \dot{X}^2 + 2\mu m_1 \dot{x}\dot{X} + \mu^2 \dot{x}^2}{2m_1} + \frac{m_2^2 \dot{X}^2 - 2\mu m_2 \dot{x}\dot{X} + \mu^2 \dot{x}^2}{2m_2} \\
&= \frac{(m_1 + m_2)\dot{X}^2}{2} + \frac{(m_1 + m_2)\mu^2 \dot{x}^2 + \mu^2 \dot{x}^2}{2m_1 m_2} \\
&= \frac{1}{2} m \dot{X}^2 + \frac{1}{2} \mu \dot{x}^2
\end{aligned} \qquad (3\text{-}215)$$

系全体の直線運動量を $P = m\dot{X}$，また $p = \mu \dot{x}$ と定義すると次の式が得られる。

$$E = \frac{P^2}{2m} + \frac{p^2}{2\mu} + V \qquad (3\text{-}216)$$

これを三次元に一般化すると次のようになる。c.m. は重心（center of mass）の意味である。

$$\hat{H} = -\frac{\hbar^2}{2m} \nabla_{\text{c.m.}}^2 - \frac{\hbar^2}{2\mu} \nabla^2 + V \qquad (3\text{-}217)$$

例題 3-25(2)　変数分離

(1) 波動関数を，重心の運動に関する部分と内部運動に関する部分の積として表し，式（3-217）に適用して変数分離できることを示せ。

(2) 以後は内部運動だけを考える。内部運動だけのシュレーディンガー方程式を具体的に書け。

答

(1) 波動関数を次のように表す。

$$\psi_{\text{total}} = \psi_{\text{c.m.}} \psi \qquad (3\text{-}218)$$

エネルギー固有値を E_{total} として

$$\begin{aligned}
\hat{H} \psi_{\text{total}} &= -\frac{\hbar^2}{2m} \nabla_{\text{c.m.}}^2 \psi_{\text{total}} - \frac{\hbar^2}{2\mu} \nabla^2 \psi_{\text{total}} + V \psi_{\text{total}} \\
&= -\frac{\hbar^2}{2m} \nabla_{\text{c.m.}}^2 \psi_{\text{c.m.}} \psi - \frac{\hbar^2}{2\mu} \nabla^2 \psi_{\text{c.m.}} \psi + V \psi_{\text{c.m.}} \psi = E_{\text{total}} \psi_{\text{c.m.}} \psi
\end{aligned} \qquad (3\text{-}219)$$

したがって

$$-\frac{\hbar^2}{2m}\nabla^2_{c.m.}\psi_{c.m.}\psi - \frac{\hbar^2}{2\mu}\nabla^2\psi_{c.m.}\psi + (V - E_{\text{total}})\psi_{c.m.}\psi = 0 \tag{3-220}$$

$\nabla^2_{c.m.}$ は重心部分に対する演算子，∇^2 は内部運動に対する演算子であることに注意して，$\psi_{c.m.}\psi$ で両辺を割ると

$$-\frac{\frac{\hbar^2}{2m}\nabla^2_{c.m.}\psi_{c.m.}}{\psi_{c.m.}} - \frac{\frac{\hbar^2}{2\mu}\nabla^2\psi}{\psi} + (V - E_{\text{total}}) = 0 \tag{3-221}$$

左辺第一項は重心のみに関する部分である。したがって，次のように変数分離される。

$$-\frac{\frac{\hbar^2}{2m}\nabla^2_{c.m.}\psi_{c.m.}}{\psi_{c.m.}} = E_{c.m.}, \qquad -\frac{\frac{\hbar^2}{2\mu}\nabla^2\psi}{\psi} + V = E \tag{3-222}$$

ここで，エネルギー固有値は次のようにおいた。E は内部運動に対する固有値を示す。

$$E_{\text{total}} = E_{c.m.} + E \tag{3-203}$$

(2) 式（3-222）より

$$-\frac{\hbar^2}{2\mu}\nabla^2\psi + V\psi = E\psi$$
$$-\frac{\hbar^2}{2\mu}\left(\frac{\partial^2}{\partial r^2} + \frac{2}{r}\frac{\partial}{\partial r} + \frac{1}{r^2}\Lambda^2\right)\psi + V\psi = E\psi \tag{3-224}$$

それぞれ電荷 q_1，q_2 を持つ，距離 r 離れた電荷の間のクーロンポテンシャルエネルギーは次の式で書かれる。ここで ε_0 は真空の誘電率である。

$$V(r) = \frac{q_1 q_2}{4\pi\varepsilon_0 r} \tag{3-225}$$

原子番号 Z で一個の電子を持つ原子やイオンを水素型原子という。水素型原子は一個の原子核と一個の電子からなるので，ポテンシャルエネルギーは式（3-225）のように表される。

例題 3-26 (1)　水素型原子

(1) 原子番号 Z の水素型原子の中の電子のクーロンポテンシャルエネルギーは，原子核からの距離を r としてどのように書けるか。
(2) 質量 m_N の原子核に対するハミルトニアンはどのような式になるか。
(3) (2) のハミルトニアンが，動径部分と角度部分に変数分離できることを示せ。

答

(1) 原子核の電荷は $+Ze$，電子の電荷は $-e$ だから

$$V = -\frac{Ze^2}{4\pi\varepsilon_0 r} \tag{3-226}$$

(2) 式 (3-224) より

$$\hat{H} = -\frac{\hbar^2}{2\mu}\left(\frac{\partial^2}{\partial r^2} + \frac{2}{r}\frac{\partial}{\partial r} + \frac{1}{r^2}\Lambda^2\right) + V \tag{3-227}$$

ここで $\mu = \dfrac{m_N m_e}{m_N + m_e}$, V は式 (3-226) の通り。

(3) 波動関数 ψ を，動径 r だけの関数 R と角度座標だけの関数 Y の積として表し

$$\psi(r,\theta,\phi) = R(r)Y(\theta,\phi) \tag{3-228}$$

シュレーディンガー方程式は次のようになる。

$$-\frac{\hbar^2}{2\mu}\left(\frac{\partial^2}{\partial r^2} + \frac{2}{r}\frac{\partial}{\partial r} + \frac{1}{r^2}\Lambda^2\right)RY + VRY = ERY \tag{3-229}$$

RY にラプラシアンを作用させて

$$-\frac{\hbar^2}{2\mu}\left(Y\frac{\partial^2 R}{\partial r^2} + \frac{2Y}{r}\frac{\partial R}{\partial r} + \frac{R}{r^2}\Lambda^2 Y\right) + VRY = ERY \tag{3-230}$$

両辺に r^2 を掛け，RY で割ると

$$\begin{aligned}
&-\frac{\hbar^2}{2\mu}\left(\frac{r^2}{R}\frac{\partial^2 R}{\partial r^2} + \frac{2r}{R}\frac{\partial R}{\partial r} + \frac{\Lambda^2 Y}{Y}\right) + Vr^2 = Er^2 \\
&-\frac{\hbar^2}{2\mu R}\left(r^2\frac{\partial^2 R}{\partial r^2} + 2r\frac{\partial R}{\partial r}\right) + Vr^2 - \frac{\hbar^2}{2\mu Y}\Lambda^2 Y = Er^2
\end{aligned} \tag{3-231}$$

Y を含む項は角度変数のみに依存するから一定である。三次元の回転運動に基づいて，これを $\dfrac{l(l+1)\hbar^2}{2\mu}$ とおく。

$$-\frac{\hbar^2}{2\mu Y}\Lambda^2 Y = \frac{l(l+1)\hbar^2}{2\mu} \tag{3-232}$$

$$-\frac{\hbar^2}{2\mu R}\left(r^2\frac{\partial^2 R}{\partial r^2} + 2r\frac{\partial R}{\partial r}\right) + Vr^2 + \frac{l(l+1)\hbar^2}{2\mu} = Er^2 \tag{3-233}$$

つまり

$$\Lambda^2 Y = -l(l+1)Y \tag{3-234}$$

$$-\frac{\hbar^2}{2\mu}\left(\frac{d^2 R}{dr^2} + \frac{2}{r}\frac{dR}{dr}\right) + V_{\text{eff}} R = ER, \quad V_{\text{eff}} = -\frac{Ze^2}{4\pi\varepsilon_0 r} + \frac{l(l+1)\hbar^2}{2\mu r^2} \tag{3-235}$$

のように変数分離型になった。

中心のまわりを自由に動ける粒子のシュレーディンガー方程式（例題 3-24(2)）と式（3-228）の $Y(\theta, \phi)$ は同じである。この解は球面調和関数で，量子数 l と m_l で指定される。式（3-235）は動径波動方程式という。動径部分を解くとエネルギー固有値は

$$E_n = -\frac{Z^2 \mu e^4}{32\pi^2 \varepsilon_0^2 \hbar^2 n^2} = -\frac{Z^2 \mu e^4}{8\varepsilon_0^2 h^2 n^2} \tag{3-236}$$

動径波動関数は次の形をしている。

$$R(r) = (r の多項式) \times (r の減衰関数) \tag{3-237}$$

これらの関数は次の無次元量で書くと簡単になる。

$$\rho = \frac{2Zr}{na_0}, \qquad a_0 = \frac{4\pi\varepsilon_0 \hbar^2}{m_e e^2} \tag{3-238}$$

ここで a_0 はボーア半径と呼ばれ，52.9 pm の値を持つ。量子数 n, l を持つ解は次の形を持つ。

$$R_{n,l}(r) = N_{n,l} \rho^l L_{n+1}^{2l+1}(\rho) e^{-\rho/2} \tag{3-239}$$

$L_{n+1}^{2l+1}(\rho)$ は ρ の多項式であり，ラゲールの陪多項式と呼ばれる。動径波動関数のいくつかの例を表 3-2 に示した。

表 3-2　水素型原子の動径波動関数 $R_{n,l}(r)$

n	l	$R_{n,l}(r)$
1	0	$2\left(\dfrac{Z}{a_0}\right)^{3/2} e^{-\rho/2}$
2	0	$\left(\dfrac{1}{8}\right)^{1/2}\left(\dfrac{Z}{a_0}\right)^{3/2}(2-\rho)e^{-\rho/2}$
	1	$\left(\dfrac{1}{24}\right)^{1/2}\left(\dfrac{Z}{a_0}\right)^{3/2}\rho e^{-\rho/2}$
3	0	$\left(\dfrac{1}{243}\right)^{1/2}\left(\dfrac{Z}{a_0}\right)^{3/2}(6-6\rho+\rho^2)e^{-\rho/2}$
	1	$\left(\dfrac{1}{486}\right)^{1/2}\left(\dfrac{Z}{a_0}\right)^{3/2}(4-\rho)\rho e^{-\rho/2}$
	2	$\left(\dfrac{1}{2430}\right)^{1/2}\left(\dfrac{Z}{a_0}\right)^{3/2}\rho^2 e^{-\rho/2}$

例題 3-26 (2)　動径波動方程式

動径波動方程式（3-235）において，r が極めて大きいところでの解を，以下の方法で求めよ。

(1) 式（3-235）はどのような方程式に近似されるか。
(2) (1) で得られた方程式の一般解を求めよ。
(3) (2) の解の中で，水素型原子の動径波動方程式の解として適切なものを示せ。

3-3 水素型原子の構造とスペクトル

答

(1) 式（3-235）を書くと

$$-\frac{\hbar^2}{2\mu}\left(\frac{d^2R}{dr^2}+\frac{2}{r}\frac{dR}{dr}\right)+\left\{-\frac{Ze^2}{4\pi\varepsilon_0 r}+\frac{l(l+1)\hbar^2}{2\mu r^2}\right\}R=ER \tag{3-240}$$

$1/r$, $1/r^2$ の項は無視すると

$$-\frac{\hbar^2}{2\mu}\frac{d^2R}{dr^2}=ER \tag{3-241}$$

(2) クーロン相互作用のため $E<0$ であり，一般解は

$$R=C_1\exp\left(\sqrt{\frac{-2\mu E}{\hbar^2}}r\right)+C_2\exp\left(-\sqrt{\frac{-2\mu E}{\hbar^2}}r\right) \tag{3-242}$$

(3) $R(r)$ は減衰関数である必要があるので，下記の解が適切である。

$$R=C_2\exp\left(-\sqrt{\frac{-2\mu E}{\hbar^2}}r\right) \tag{3-243}$$

例題 3-26（3）

次の方法で，$r=0$ 付近での動径波動方程式の解の形を求めよ。

(1) 動径波動方程式（3-235）の両辺に r^2 を掛けよ。
(2) (1) の式について，微分記号以外の項で $r=0$ とおけ。
(3) (2) の式に，r^τ の形の解を代入せよ。
(4) (3) の式で τ を決めよ。

答

(1)

$$-\frac{\hbar^2}{2\mu}\left(r^2\frac{d^2R}{dr^2}+2r\frac{dR}{dr}\right)+\left\{-\frac{Ze^2 r}{4\pi\varepsilon_0}+\frac{l(l+1)\hbar^2}{2\mu}\right\}R=Er^2 R \tag{3-244}$$

(2)

$$-\frac{\hbar^2}{2\mu}\left(r^2\frac{d^2R}{dr^2}+2r\frac{dR}{dr}\right)+\frac{l(l+1)\hbar^2}{2\mu}R=0 \tag{3-245}$$

(3) $R(r)=r^\tau$ として

$$\begin{aligned}-\frac{\hbar^2}{2\mu}\left(r^2\frac{d^2 r^\tau}{dr^2}+2r\frac{dr^\tau}{dr}\right)+\frac{l(l+1)\hbar^2}{2\mu}r^\tau=0\\ -\frac{\hbar^2}{2\mu}\left\{\tau(\tau-1)r^\tau+2\tau r^\tau\right\}+\frac{l(l+1)\hbar^2}{2\mu}r^\tau=0\end{aligned} \tag{3-246}$$

(4) (3) の式を解くと

$$\begin{aligned}-\{\tau(\tau-1)+2\tau\}+l(l+1)=0\\ (\tau-l)(\tau+l+1)=0\end{aligned} \tag{3-247}$$

ここで $l > 0$ であるから，次の解が得られる．

$$\tau = l \qquad (3\text{-}248)$$

以上の二つの場合の考察から，一般の領域における解として次の形が予想される．

$$R = r^l \exp\left(-\sqrt{\frac{-2\mu E}{\hbar^2}}\, r\right) \qquad (3\text{-}249)$$

この形では関数は節を持たないが，波の性質を表すために指数関数の前の部分に多項式が含まれることが考えられる．それがラゲールの陪多項式である．

自習問題 3-26 (1)

球面調和関数 $Y_{1,0}$ を書き，これが規格化されていることを確認せよ．

自習問題 3-26 (2)

$\dfrac{\partial}{\partial \theta} Y_{2,1}(\theta, \phi) = 0$ となる角度 θ を求めよ．

自習問題 3-26 (3)

$Y_{2,1}(\theta, \phi) = 0$ となる場所を求めよ．

自習問題 3-26 (4)

次の関数が正となる領域を求めよ．

$-Y_{2,1}(\theta, \phi) + Y_{2,-1}(\theta, \phi)$

自習問題 3-26 (5)

$l = 0$，$\mu = m_\text{e}$ の場合について動径波動方程式を書け．$\psi = e^{-ap}$ の形の関数がこの方程式の解であるためには，正定数 a はどのような値でなければならないか．

3-3-2　水素原子のスペクトル

水素原子では，エネルギー固有値は

$$E_n = -\frac{\mu e^4}{32\pi^2 \varepsilon_0^2 \hbar^2 n^2} = -\frac{\mu e^4}{8\varepsilon_0^2 h^2 n^2} \qquad (3\text{-}250)$$

ここで，原子核の質量 m_N は電子の質量 m_e に対して充分大きいから $\mu = \dfrac{m_\text{N} m_\text{e}}{m_\text{N} + m_\text{e}} = m_\text{e}$ とおけ

$$E_n = -\frac{m_\text{e} e^4}{8\varepsilon_0^2 h^2 n^2} \qquad (3\text{-}251)$$

これが水素原子のエネルギー準位を表す。n_2 準位から n_1 準位（$n_2 > n_1$）に電子が遷移するとき，そのエネルギー差に相当する電磁波が放出される。これが水素原子のスペクトルである。

$$\Delta E = h\nu = -\frac{m_e e^4}{8\varepsilon_0^2 h^2 n_2^2} - \left(-\frac{m_e e^4}{8\varepsilon_0^2 h^2 n_1^2}\right) = \frac{m_e e^4}{8\varepsilon_0^2 h^2}\left(\frac{1}{n_1^2} - \frac{1}{n_2^2}\right) \tag{3-252}$$

式（3-252）を波数 $\tilde{\nu} = \nu / c$ で表すと

$$\tilde{\nu} = R_H \left(\frac{1}{n_1^2} - \frac{1}{n_2^2}\right), \qquad R_H = \frac{m_e e^4}{8c\varepsilon_0^2 h^3} = 1.09737 \times 10^7 \text{ m}^{-1} \tag{3-253}$$

この係数 R_H をリュードベリ定数という。$n_1 = 1$ への遷移をライマン系列，同様に $n_1 = 2, 3, 4, ...$ への遷移をそれぞれバルマー，パッシェン，ブラケット…系列などと呼ぶ。

例題 3-27

バルマー系列の最短波長の遷移の波長を計算せよ。

答

式（3-253）で $n_1 = 2$ として $\tilde{\nu} = \frac{1}{\lambda} = R_H \left(\frac{1}{2^2} - \frac{1}{n_2^2}\right)$，波長が最短になるのは $n_2 = \infty$ の場合だから，$\lambda = 365$ nm。

自習問題 3-27

水素原子において，以下に示す遷移で放出される電磁波のエネルギー/kJ mol^{-1}，波長/nm，波数/cm^{-1} をそれぞれ求めよ。(1) $n_2 = 2$ から $n_1 = 1$，(2) $n_2 = 5$ から $n_1 = 3$。

自習問題 解答

3-2(1) (1) $\lambda_{max} = \dfrac{c_2}{5T} = \dfrac{1.44 \times 10^{-2} \text{mK}}{5 \times 1.5 \times 10^4 \text{K}} = 1.9 \times 10^2$ nm, (2) 8.2×10^2 nm, (3) 498 nm

3-2(2) 式 (3-3) の $\rho_\lambda(\lambda, T)$ は波長 λ に対して単調減少だから,極大を持たない。

3-3(1) $\dfrac{\left[\dfrac{4\pi}{3}(r+dr)^3 - \dfrac{4\pi}{3}(r)^3\right]\dfrac{N}{V}}{4\pi r^2 dr}$

3-3(3) 例題 3-1 と同様に $d\nu = \dfrac{c}{\lambda^2}d\lambda$ を用いる。

$$dE = \rho_\lambda(\lambda, T)d\lambda = \dfrac{8\pi hc}{\lambda^5}\dfrac{1}{(e^{\beta hc/\lambda}-1)}d\lambda$$

3-4 低温では $\beta \to \infty$,したがって

$$\langle E \rangle = \dfrac{h\nu}{e^{\beta h\nu}-1} \to h\nu e^{-\beta h\nu} = 0$$

3-5(1) 高温 ($\beta \to 0$) では $e^{\beta h\nu} \to 1 + \beta h\nu$ で

$$C = \dfrac{(h\nu)^2 e^{\beta h\nu}}{(e^{\beta h\nu}-1)^2}\dfrac{1}{kT^2} \to \dfrac{(h\nu)^2}{(\beta h\nu)^2}\dfrac{1}{kT^2} = k$$

低温 ($\beta \to \infty$) では

$$C \to \dfrac{(h\nu)^2 e^{\beta h\nu}}{(e^{\beta h\nu})^2}\dfrac{1}{kT^2} = \dfrac{(h\nu)^2}{e^{\beta h\nu}}\dfrac{1}{kT^2} \to 0$$

固体の熱容量は,古典論では温度に依らず一定なのに対し,離散的なエネルギー準位を使ったアインシュタインモデルでは温度に依存し,特に低温で0になる。

3-5(2)

(1) $\left\langle \dfrac{1}{2}mv^2 \right\rangle = \dfrac{\int_{-\infty}^{\infty}\dfrac{1}{2}mv^2 e^{-\frac{1}{2}\beta mv^2}dv}{\int_{-\infty}^{\infty} e^{-\frac{1}{2}\beta mv^2}dv}$ (2) $\int_{-\infty}^{\infty} e^{-\frac{1}{2}\beta mv^2}dv = \sqrt{\dfrac{2\pi}{\beta m}}$

(3) $\int_{-\infty}^{\infty}\dfrac{1}{2}mv^2 e^{-\frac{1}{2}\beta mv^2}dv = \dfrac{\partial}{\partial(-\beta)}\int_{-\infty}^{\infty} e^{-\frac{1}{2}\beta mv^2}dv = \dfrac{\partial}{\partial(-\beta)}\sqrt{\dfrac{2\pi}{\beta m}} = -\sqrt{\dfrac{\pi}{2\beta^3 m}}$

(4) $\left\langle \dfrac{1}{2}mv^2 \right\rangle = \left|-\dfrac{1}{2\beta}\right| = \dfrac{1}{2}kT$ (5) $\langle E \rangle = kT$, $C = \dfrac{d}{dT}\langle E \rangle = k$

3-6(1) 光子一個のエネルギーは $E = \dfrac{hc}{\lambda} = 4.730 \times 10^{-19}$ J。答はこの逆数で 2.11×10^{18} 個。

3-6(2) 光子一個のエネルギーが $h\nu = \dfrac{hc}{\lambda}$ なので,光子 n 個のエネルギーは $E = \dfrac{nhc}{\lambda}$ [J] と表せる。一方,一回の振動に要する時間は,振動数の逆数で $t = \dfrac{1}{\nu} = \dfrac{\lambda}{c}$ [s]。出力 P は単位時間あたりのエネ

ルギーだから

$$P = \frac{E}{t} = \frac{nhc}{\lambda} \cdot \frac{c}{\lambda} = \frac{nhc^2}{\lambda^2}$$

したがって

$$n = \frac{P\lambda^2}{hc^2} = 8.40 \times 10^{15}$$

3-7　2.25 eV $= 3.605 \times 10^{-19}$ J。

$$\begin{aligned}
v &= \sqrt{\frac{2}{m_e}\left(\frac{hc}{\lambda} - \Phi\right)} \\
&= \sqrt{\frac{2}{9.109 \times 10^{-31}\,\text{kg}}\left(\frac{6.626 \times 10^{-34}\,\text{Js} \times 2.998 \times 10^8\,\text{ms}^{-1}}{225 \times 10^{-9}\,\text{m}} - 3.605 \times 10^{-19}\,\text{J}\right)} \\
&= 1.07 \times 10^6\,\text{ms}^{-1}
\end{aligned}$$

3-8(1)　速度 $v = 45.0$ ms^{-1}，質量 $m = 0.145$ kg。運動量 $p = mv$ だから

$$\lambda = \frac{h}{mv} = \frac{6.626 \times 10^{-34}\,\text{Js}}{0.145\,\text{kg} \times 45\,\text{ms}^{-1}} = 1.02 \times 10^{-34}\,\text{m}$$

この程度の大きな質量の物体だと，λ は観測にかからないほど小さくなることがわかる。

3-8(2)　質量 $m = m_p = 1.673 \times 10^{-27}$ kg，電荷 $q = e = 1.602 \times 10^{-19}$ C。式（3-20）を用いて

$$\begin{aligned}
\lambda &= \frac{h}{p} = \frac{h}{(2mqV)^{1/2}} \\
&= \frac{6.626 \times 10^{-34}\,\text{Js}}{(2 \times 1.673 \times 10^{-27}\,\text{kg} \times 1.602 \times 10^{-19}\,\text{C} \times 10.0\,\text{V})^{1/2}} = 9.05 \times 10^{-12}\,\text{m}
\end{aligned}$$

3-11(1)　$N^2 \int_{-\infty}^{\infty} \psi^2 \mathrm{d}x = N^2 \int_{-\infty}^{\infty} \mathrm{e}^{-2ax^2} \mathrm{d}x = N^2 \sqrt{\frac{\pi}{2a}} = 1$

したがって $N = (2a/\pi)^{1/4}$，$\psi = (2a/\pi)^{1/4} \mathrm{e}^{-ax^2}$。

3-11(2)　実関数の場合は $\psi^*\psi = \psi^2$。

(1)　$N^2 \int_0^1 \psi^2 \mathrm{d}x = N^2 \int_0^1 4x^4 \mathrm{d}x = 4N^2 \left[\frac{1}{5}x^5\right]_0^1 = \frac{4}{5}N^2 = 1$　　　$\therefore N = \left(\frac{4}{5}\right)^{-1/2} = \frac{\sqrt{5}}{2}$

(2)　$\int_0^{2\pi} \psi^*\psi \mathrm{d}x = \int_0^{2\pi} (\mathrm{e}^{-ikx} \cdot \mathrm{e}^{ikx}) \mathrm{d}x = \int_0^{2\pi} \mathrm{d}x = 2\pi$　　　$\therefore N = \frac{1}{\sqrt{2\pi}}$

(3)　$\psi^2 = \sin^2 x = \frac{1 - \cos 2x}{2}$ と変形でき

$$\int_0^{\pi/4} \frac{1 - \cos 2x}{2} \mathrm{d}x = \frac{1}{2}\left[x - \frac{1}{2}\sin 2x\right]_0^{\pi/4} = \frac{\pi - 2}{8} \qquad \therefore N = \sqrt{\frac{8}{\pi - 2}}$$

3-12(3)　(1)(2)(4)(7)(8) は，関数が発散するため波動関数としてふさわしくない。

3-13(1) (1) $\hat{\Omega}\psi = \dfrac{d^2}{dx^2}\{-\sin(iax)\} = -a^2\sin(iax) = a^2\psi, \quad \therefore \omega = a^2$

(2) $\hat{\Omega}\psi = \dfrac{d^2}{dt^2}e^{at} - 3\dfrac{d}{dt}e^{at} + 5e^{at} = (a^2 - 3a + 5)\psi, \quad \therefore \omega = a^2 - 3a + 5$

(3) $\hat{\Omega}\psi = \dfrac{\partial}{\partial y}x^3 e^{2y} = 2\psi, \quad \therefore \omega = 2$

3-13(2)
$\dfrac{d}{dx}\psi = e^x \sin x + e^x \cos x, \qquad \dfrac{d^2}{dx^2}\psi = \dfrac{d}{dx}\left(\dfrac{d}{dx}\psi\right) = 2e^x \cos x,$

$\dfrac{d^3}{dx^3}\psi = 2(e^x \cos x - e^x \sin x), \qquad \dfrac{d^4}{dx^4}\psi = -4e^x \sin x = -4\psi$

したがって $n = 4$，固有値 -4。

3-15 (1) $\langle\Omega\rangle = \dfrac{\int_{-a}^{a}\psi^*\hat{\Omega}\psi\,dx}{\int_{-a}^{a}\psi^*\psi\,dx} = \dfrac{\int_{-a}^{a}(x^3 \cdot 6x)\,dx}{\int_{-a}^{a}x^6\,dx} = \dfrac{42}{5a^2}$ (2) $\langle\Omega\rangle = \dfrac{\int_{-a}^{a}\sin x \cos x\,dx}{\int_{-a}^{a}\sin^2 x\,dx} = 0$

3-17(1) 式(3-71)で $L = 10$ nm，$m = m_e$ とすると，n_2 準位と n_1 準位 ($n_2 > n_1$) のエネルギー間隔 ΔE は

$$\Delta E = E_{n_2} - E_{n_1} = (n_2^2 - n_1^2)\dfrac{h^2}{8m_e L^2} = 6.03 \times 10^{-22}(n_2^2 - n_1^2)\,[\text{J}]$$

kJmol^{-1} 単位では，アヴォガドロ定数 N_A を用いて

$$\Delta E = (n_2^2 - n_1^2)\dfrac{h^2 N_A}{8000 m_e L^2} = 0.363(n_2^2 - n_1^2)\,[\text{kJmol}^{-1}]$$

eV 単位では，電気素量 e を用いて

$$\Delta E = (n_2^2 - n_1^2)\dfrac{h^2}{8em_e L^2} = 3.77 \times 10^{-3}(n_2^2 - n_1^2)\,[\text{eV}]$$

cm^{-1} 単位は波数 $\tilde{\nu}$ に相当する。プランクの関係式（3-16）より

$$\tilde{\nu} = \dfrac{1}{\lambda} = \dfrac{\Delta E}{hc} = (n_2^2 - n_1^2)\dfrac{h}{8m_e cL^2}\,[\text{m}^{-1}] = (n_2^2 - n_1^2)\dfrac{h}{800 m_e cL^2}\,[\text{cm}^{-1}] = 30.3(n_2^2 - n_1^2)\,[\text{cm}^{-1}]$$

3-17(2) $x = L/2$ の点に関して非対称なグラフになる。

3-17(3) $\langle E\rangle = \int_0^L \psi^* \hat{E}_k \psi\,dx = \dfrac{1}{2}\int_0^L (\psi_1 - \psi_2)^* E_k(\psi_1 - \psi_2)\,dx$

$= \dfrac{1}{2}\int_0^L (\psi_1 - \psi_2)(E_1\psi_1 - E_2\psi_2)\,dx = \dfrac{1}{2}\int_0^L \{E_1\psi_1^2 - (E_1 + E_2)\psi_1\psi_2 + E_2\psi_2^2\}\,dx$

$= \dfrac{1}{2}\left\{E_1\int_0^L \psi_1^2\,dx - (E_1 + E_2)\int_0^L \psi_1\psi_2\,dx + E_2\int_0^L \psi_2^2\,dx\right\}$

$= \dfrac{1}{2}(E_1 - 0 + E_2) = \dfrac{1}{2}\left(\dfrac{h^2}{8mL^2} + \dfrac{4h^2}{8mL^2}\right) = \dfrac{5h^2}{16mL^2}$

3-17(4)
$$c_1 = \int_0^L (Lx - x^2)\sqrt{\frac{2}{L}}\sin\left(\frac{\pi x}{L}\right)dx = \sqrt{2L}\int_0^L x\sin\left(\frac{\pi x}{L}\right)dx - \sqrt{\frac{2}{L}}\int_0^L x^2 \sin\left(\frac{\pi x}{L}\right)dx$$
$$= \sqrt{2L}\left(\frac{L^2}{\pi}\right) - \sqrt{\frac{2}{L}}\left(\frac{L^3}{\pi} - \frac{4L^3}{\pi^3}\right) = \frac{4\sqrt{2L^5}}{\pi^3}$$

3-18(1) 箱の領域を $0 < x < L_1,\ 0 < y < L_2,\ 0 < z < L_3$ として

$$\psi_{n_1,n_2,n_3}(x,y,z) = \sqrt{\frac{2}{L_1}}\sin\left(\frac{n_1\pi x}{L_1}\right)\sqrt{\frac{2}{L_2}}\sin\left(\frac{n_2\pi y}{L_2}\right)\sqrt{\frac{2}{L_3}}\sin\left(\frac{n_3\pi z}{L_3}\right)$$
$$= \frac{2\sqrt{2}}{\sqrt{L_1 L_2 L_3}}\sin\left(\frac{n_1\pi x}{L_1}\right)\sin\left(\frac{n_2\pi y}{L_2}\right)\sin\left(\frac{n_3\pi z}{L_3}\right)$$

$$E_{n_1,n_2,n_3} = \left(\frac{n_1^2}{L_1^2} + \frac{n_2^2}{L_2^2} + \frac{n_3^2}{L_3^2}\right)\frac{h^2}{8m}$$

3-18(2)
$$\langle p_x \rangle = \int_0^L \int_0^L \psi_{1,1}^* \hat{p}_x \psi_{1,1} dxdy = \int_0^L \int_0^L \frac{2}{L}\sin\left(\frac{\pi x}{L}\right)\sin\left(\frac{\pi y}{L}\right)\left(\frac{\hbar}{i}\frac{\partial}{\partial x}\right)\frac{2}{L}\sin\left(\frac{\pi x}{L}\right)\sin\left(\frac{\pi y}{L}\right)dxdy$$
$$= \frac{4}{L^2}\int_0^L \sin\left(\frac{\pi x}{L}\right)\left(\frac{\hbar}{i}\frac{d}{dx}\right)\sin\left(\frac{\pi x}{L}\right)dx \int_0^L \sin^2\left(\frac{\pi y}{L}\right)dy$$
$$= \frac{4\hbar}{iL^2}\int_0^L \sin\left(\frac{\pi x}{L}\right)\left(\frac{\pi}{L}\right)\cos\left(\frac{\pi x}{L}\right)dx \int_0^L \sin^2\left(\frac{\pi y}{L}\right)dy$$
$$= \frac{4\pi\hbar}{iL^3}\int_0^L \frac{1}{2}\sin\left(\frac{2\pi x}{L}\right)dx \int_0^L \sin^2\left(\frac{\pi y}{L}\right)dy = 0$$

$$(\hat{p}_x)^2 \psi_{1,1} = \frac{2}{L}\sin\left(\frac{\pi y}{L}\right)\left(-\hbar^2 \frac{d^2}{dx^2}\right)\sin\left(\frac{\pi x}{L}\right) = \frac{2}{L}\sin\left(\frac{\pi y}{L}\right)\left(\frac{\pi^2\hbar^2}{L^2}\right)\sin\left(\frac{\pi x}{L}\right) = \frac{\pi^2\hbar^2}{L^2}\psi_{1,1}$$

$$\therefore \langle p_x^2 \rangle = \frac{\pi^2 \hbar^2}{L^2} = \frac{h^2}{4L^2}$$

3-18(3) 前問を参考にして $\langle p_x \rangle = 0,\ \langle p_x^2 \rangle = n_1^2 \pi^2 \hbar^2 / L^2 = n_1^2 h^2 / 4L^2$

3-18(4) $E_{n_1,n_2} = (n_1^2 + n_2^2)h^2/8mL^2$ だから $(n_1^2 + n_2^2) = 13$, これを満たすのは $(n_1, n_2) = (2, 3),\ (3, 2)$ の二通りなので,縮退度は 2。

3-19 (1) $L = 3.0 \times 10^{-9}$ m, $m = m_e$, $V = 20$ eV $= 3.2 \times 10^{-18}$ J, $E = 8.0 \times 10^{-19}$ J。$\kappa L = 59.4 \gg 1$ だから,式(3-114)が使える。$\varepsilon = E/V = 0.25$ で $T = 7.6 \times 10^{-52}$。

(2) V を(1)の半分にすると $\kappa L = 34.3$, $\varepsilon = 0.50$ となり $T = 6.4 \times 10^{-30}$ で,(1) との比は 8.4×10^{21}。なお,これらの計算には指数関数が含まれるため,答の値は κL のわずかな違いによって大きく異なる(答の有効数字は一桁もない)。

3-20(1)
$$\langle x^2 \rangle = \int_{-\infty}^{\infty} \psi_v^* x^2 \psi_v dx = N_v^2 \int_{-\infty}^{\infty} (H_v e^{-y^2/2}) x^2 (H_v e^{-y^2/2}) dx$$
$$= N_v^2 \int_{-\infty}^{\infty} (H_v e^{-y^2/2})(\alpha y)^2 (H_v e^{-y^2/2}) \alpha dy = \alpha^3 N_v^2 \int_{-\infty}^{\infty} y^2 H_v^2 e^{-y^2} dy$$

ここで漸化式(3-129)より $yH_v = vH_{v-1} + \frac{1}{2}H_{v+1}$ だから

$$\langle x^2 \rangle = \alpha^3 N_v^2 \int_{-\infty}^{\infty} \left(vH_{v-1} + \frac{1}{2}H_{v+1} \right)^2 e^{-y^2} dy$$

積分公式（3-131）にも注意して整理すると

$$\langle x^2 \rangle = \alpha^2 \left(v + \frac{1}{2} \right) = \left(\frac{\hbar^2}{mk} \right)^{1/2} \left(v + \frac{1}{2} \right)$$

3-20(2) 折り返し点での $\alpha \pi^{1/2} \psi_v^2(y)$ の値は 0.191。

3-23(1) 式（3-172）の通り，角運動量の値が確定するから角度の不確かさは無限大。

3-23(2) (1) $I = 4.0 \text{ kgm}^2$, (2) $T = 6.0 \text{ Nm}$, (3) $J = 24 \text{ Nms} = 24 \text{ m}^2\text{kgs}^{-1}$, $E_k = 72 \text{ J}$。

3-23(3) (1) 角速度 $\omega = \dfrac{2\pi}{\tau}$ で $J = pr = mr^2\omega = \dfrac{2\pi mr^2}{\tau}$。(2) $J = 28 \text{ m}^2\text{kgs}^{-1}$。

3-23(4) (1) $I = 2mr^2$, (2) $I = 4.6 \times 10^{-48} \text{ kgm}^2$

3-23(6) 式（3-146）から $\omega = \sqrt{\dfrac{2E_k}{mr^2}} = 5.5 \times 10^{15} \text{ s}^{-1}$, $T = \dfrac{2\pi}{\omega} = 1.1 \times 10^{-15} \text{ s}$。

3-23(7) (1) 式（3-149）から $J_z = 2.1 \times 10^{-34} \text{ Js}$, (2) 式（3-150）から $E_k = \dfrac{m_l^2 \hbar^2}{2mr^2} = 6.2 \times 10^{-16} \text{ J}$。

3-24(1) 代入すると $\varepsilon \sin^2\theta = m_l^2$ となり，これがすべての θ について成立するためには $\varepsilon = m_l = 0$ でなければならない。$\varepsilon = l(l+1)$ だから $l = 0$ である。波動関数と確率密度はそれぞれ次のようになる。

$$\psi(\theta, \phi) = e^{\pm im_l \phi} = e^{\pm i0\phi}, \qquad \psi^*\psi = e^0 = 1$$

3-24(2) 代入すると $(\varepsilon - 2)\sin^2\theta = m_l^2$ となるので $\varepsilon = 2$（したがって $l = 1$），$m_l = 0$ である。

$$\psi(\theta, \phi) = \cos\theta \, e^{\pm i0\phi} = \cos\theta, \qquad \psi^*\psi = \cos^2\theta = \frac{1}{2}(1 + \cos 2\theta)$$

3-24(3) 例題 3-24(3) より，量子数 l に対して角運動量の大きさは $\sqrt{l(l+1)}\hbar$，また 例題 3-23(2) より，任意の軸への射影は $m_l\hbar$ で表される。l に対して許される m_l の値は $m_l = l, l-1, \ldots, -l$ だから

（角運動量の大きさ）$= \sqrt{2}\hbar$，（許される射影）$= \hbar, 0, -\hbar$

3-24(4) $r^2 \sin\theta \, dr \, d\theta \, d\phi$

3-24(5) 前問の体積要素から r に関する部分を除いて

$$\int_{\phi=0}^{\phi=2\pi} \int_{\theta=0}^{\theta=\pi} \sin\theta \, d\theta \, d\phi = 4\pi$$

3-24(6) 球面調和関数 $Y_{1,1}$ は

$$Y_{1,1}(\theta, \phi) = -\left(\frac{3}{8\pi} \right)^{1/2} \sin\theta \, e^{i\phi}$$

角運動量演算子 $\hat{l}_z$ は式（3-170）の通り，これを演算すると $l_z = \hbar$ となる。これは 例題 3-23(2) の結果 $l_z = m_l\hbar$ と対応する。またハミルトニアンは式（3-200）の通りで，

エネルギー固有値は次の通りになる。これは式 (3-209) と対応する。

$$\hat{H}Y_{1,1} = -\frac{\hbar^2}{2I}\Lambda^2 Y_{1,1} = \frac{\hbar^2}{I}Y_{1,1}$$

3-26(1)
$$Y_{1,0}(\theta,\phi) = \left(\frac{3}{4\pi}\right)^{1/2}\cos\theta$$

$$\iint Y_{1,0}^* Y_{1,0}\,\mathrm{d}\tau = \frac{3}{4\pi}\int_{\phi=0}^{\phi=2\pi}\int_{\theta=0}^{\theta=\pi}\cos^2\theta\sin\theta\,\mathrm{d}\theta\,\mathrm{d}\phi$$
$$= \frac{3}{4\pi}\int_0^\pi \frac{1}{4}(\sin 3\theta + \sin\theta)\,\mathrm{d}\theta\int_0^{2\pi}\mathrm{d}\phi = \frac{3}{4\pi}\cdot\frac{2}{3}\cdot 2\pi = 1$$

3-26(2)
$$Y_{2,1}(\theta,\phi) = -\left(\frac{15}{8\pi}\right)^{1/2}\cos\theta\sin\theta\,\mathrm{e}^{\mathrm{i}\phi},$$
$$\frac{\partial}{\partial\theta}Y_{2,1}(\theta,\phi) = -\left(\frac{15}{8\pi}\right)^{1/2}\mathrm{e}^{\mathrm{i}\phi}\left(\cos^2\theta - \sin^2\theta\right) = -\left(\frac{15}{8\pi}\right)^{1/2}\mathrm{e}^{\mathrm{i}\phi}\cos 2\theta = 0$$

したがって $\cos 2\theta = 0$, これを解いて $\theta = \pi/4,\ 3\pi/4$。

3-26(3) $\theta = 0,\ \pi/2,\ \pi$

3-26(4)
$$-Y_{2,1}(\theta,\phi) + Y_{2,-1}(\theta,\phi) = \left(\frac{15}{8\pi}\right)^{1/2}\cos\theta\sin\theta\left(\mathrm{e}^{\mathrm{i}\phi} + \mathrm{e}^{-\mathrm{i}\phi}\right) = \left(\frac{15}{8\pi}\right)^{1/2}\sin 2\theta\cos\phi > 0$$

これを解いて

$$\left\{\left(0 < \theta < \frac{\pi}{2}\right) \text{and} \left(0 < \phi < \frac{\pi}{2} \text{ or } \frac{3}{2}\pi < \phi < 2\pi\right)\right\} \text{or} \left\{\left(\frac{\pi}{2} < \theta < \pi\right) \text{and} \left(\frac{\pi}{2} < \phi < \frac{3}{2}\pi\right)\right\}$$

3-26(5) 式 (3-240) のように書いて $l = 0$, $\mu = m_\mathrm{e}$ を代入する。

$$-\frac{\hbar^2}{2m_\mathrm{e}}\left(\frac{\mathrm{d}^2 R}{\mathrm{d}r^2} + \frac{2}{r}\frac{\mathrm{d}R}{\mathrm{d}r}\right) - \frac{Ze^2}{4\pi\varepsilon_0 r}R = ER$$

さらに $\psi = \mathrm{e}^{-a\rho}$ を代入して整理すると

$$-\frac{\hbar^2}{2m_\mathrm{e}}\left(\frac{\mathrm{d}^2 \mathrm{e}^{-a\rho}}{\mathrm{d}r^2} + \frac{2}{r}\frac{\mathrm{d}\mathrm{e}^{-a\rho}}{\mathrm{d}r}\right) - \frac{Ze^2}{4\pi\varepsilon_0 r}\mathrm{e}^{-a\rho} = E\mathrm{e}^{-a\rho}$$

$$-\frac{\hbar^2}{2m_\mathrm{e}}\left(\frac{4Z^2}{n^2 a_0^2}\frac{\mathrm{d}^2 \mathrm{e}^{-a\rho}}{\mathrm{d}\rho^2} + \frac{4Z}{n a_0 r}\frac{\mathrm{d}\mathrm{e}^{-a\rho}}{\mathrm{d}\rho}\right) - \frac{Ze^2}{4\pi\varepsilon_0 r}\mathrm{e}^{-a\rho} = E\mathrm{e}^{-a\rho}$$

$$-\frac{\hbar^2}{2m_\mathrm{e}}\left(\frac{4Z^2 a^2}{n^2 a_0^2}\mathrm{e}^{-a\rho} - \frac{4Za}{n a_0 r}\mathrm{e}^{-a\rho}\right) - \frac{Ze^2}{4\pi\varepsilon_0 r}\mathrm{e}^{-a\rho} = E\mathrm{e}^{-a\rho}$$

$$-\frac{2Z^2 a^2 \hbar^2}{n^2 a_0^2 m_\mathrm{e}}\mathrm{e}^{-a\rho} + \frac{2Za\hbar^2}{n a_0 m_\mathrm{e} r}\mathrm{e}^{-a\rho} - \frac{Ze^2}{4\pi\varepsilon_0 r}\mathrm{e}^{-a\rho} = E\mathrm{e}^{-a\rho}$$

したがって

$$-\frac{2Z^2 a^2 \hbar^2}{n^2 a_0^2 m_\mathrm{e}} + \frac{1}{r}\left(\frac{2Za\hbar^2}{n a_0 m_\mathrm{e}} - \frac{Ze^2}{4\pi\varepsilon_0}\right) = E$$

E は定数だから, $1/r$ の項はゼロにならなければいけない。

$$E = -\frac{2Z^2 a^2 \hbar^2}{n^2 a_0^2 m_e}, \qquad \frac{2Za\hbar^2}{na_0 m_e} = \frac{Ze^2}{4\pi\varepsilon_0}$$

この関係より

$$a = \frac{na_0 m_e e^2}{8\pi\varepsilon_0 \hbar^2} = \frac{n}{2}, \qquad E = -\frac{Z^2 \hbar^2}{2a_0^2 m_e}$$

3-27 (1) $\Delta E = 985$ kJ mol^{-1}, $\lambda = 122$ nm, $\tilde{\nu} = 8.23 \times 10^4$ cm^{-1}

(2) $\Delta E = 93.4$ kJ mol^{-1}, $\lambda = 1.28 \times 10^3$ nm, $\tilde{\nu} = 7.80 \times 10^3$ cm^{-1}

Part 4

付　録

　物理化学では，物理量の値そのものはもちろん，その変化量を扱うことも多い。変化の特徴は，微分係数を調べることでわかる。またその微小変化の積み重ねから，有限の大きさの変化を見積もることもできる。微小変化の積み重ねとは積分に他ならず，この意味で微積分には充分慣れておく必要がある。

　次に物理の基本概念であるエネルギーと運動量について，微積分の手法を用いて古典力学の諸法則を解説した。

　最後に，実在気体の熱力学的性質について，本文では省略した分を補った。

4-1 微積分の基本

4-1-1 微分の練習

熱力学では，値そのものより値の変化を中心に議論が進む。そこで，まず関数 $y = f(x)$ の変化の傾向を調べよう。x が x_1 から x_2 まで変化したとき，y は $y_1 = f(x_1)$ から $y_2 = f(x_2)$ まで変化する。変化の割合は次の比で評価する。

$$変化の割合 = \frac{y_2 - y_1}{x_2 - x_1} \tag{4-1}$$

x の変化量 $(x_2 - x_1)$ の大きさが有限であるかぎり，変化の割合は $(x_2 - x_1)$ の大きさに依存した値をとる。そこでこの量が十分小さくなった場合を調べる。$(x_2 - x_1)$ を十分小さくとって，変化の割合がある確定した値に収束するとき，その値を微分係数という。

$$微分係数 = \lim_{x_2 \to x_1} \frac{y_2 - y_1}{x_2 - x_1} \tag{4-2}$$

微分係数には次の記号が使われる。

$$\frac{dy}{dx} = \lim_{x_2 \to x_1} \frac{y_2 - y_1}{x_2 - x_1} \tag{4-3}$$

$f(x) = x^2$ の場合について式 (4-3) の計算を示す。

$$\frac{dy}{dx} = \lim_{x_2 \to x_1} \frac{y_2 - y_1}{x_2 - x_1} = \lim_{x_2 \to x_1} \frac{x_2^2 - x_1^2}{x_2 - x_1} = \lim_{x_2 \to x_1} \frac{(x_2 + x_1)(x_2 - x_1)}{x_2 - x_1} = \lim_{x_2 \to x_1} (x_2 + x_1) = 2x_1 \tag{4-4}$$

式 (4-4) は $x = x_1$ における結果であるから，一般的に書くと次のようになる。

$$\frac{dx^2}{dx} = 2x \tag{4-5}$$

通常は関数ごとに式 (4-3) の定義に戻らないで，次の微分について知られた結果を活用する。

微分係数のまとめ

(1) 多項式　$\dfrac{d}{dx} x^n = n x^{n-1}$　　(2) 任意のべき　$\dfrac{d}{dx} x^a = a x^{a-1}$　　(3) 指数関数　$\dfrac{d}{dx} e^x = e^x$

(4) 対数関数　$\dfrac{d}{dx} \ln x = \dfrac{1}{x}$　　(5) サイン関数　$\dfrac{d}{dx} \sin x = \cos x$

(5) コサイン関数　$\dfrac{d}{dx} \cos x = -\sin x$

(6) 関数の和　$\dfrac{d}{dx} \{f(x) + g(x)\} = \dfrac{d}{dx} f(x) + \dfrac{d}{dx} g(x)$

(7) 関数の積　$\dfrac{d}{dx} \{f(x) g(x)\} = g(x) \dfrac{d}{dx} f(x) + f(x) \dfrac{d}{dx} g(x)$

(8) 合成関数　$\dfrac{d}{dx}f(g(x)) = \left\{\dfrac{d}{dg(x)}f(g(x))\right\}\left(\dfrac{d}{dx}f(x)\right)$

(9) 関数の商　$\dfrac{d}{dx}\left(\dfrac{f(x)}{g(x)}\right) = \dfrac{d}{dx}\{f(x)g(x)^{-1}\} = g(x)^{-1}\dfrac{d}{dx}f(x) + f(x)\dfrac{d}{dx}g(x)^{-1}$

$\qquad\qquad\qquad\qquad = g(x)^{-1}\dfrac{d}{dx}f(x) - \dfrac{1}{g(x)^2}\dfrac{d}{dx}g(x)$

4-1-2　微分の応用

ここでは微分係数を $f'(x)$ と書いた。

(1) 接線の方程式

微分は微分している場所での変化の傾向を示すから，微分係数はその場所で引いた接線の傾きを示す。関数 $y = f(x)$ の $x = a$ における接線の方程式は

$\qquad y - f(a) = f'(a)(x - a)$

(2) 関数の変化量

微分係数が変化の割合を示すことから，x がわずかに変化したとき関数がどれだけ変化するかを与える。

$\qquad dy = f'(x)dx$

(3) 関数が極値をとる必要条件

最大・最小・極大・極小点は，いずれも変化の割合が 0 の点である。

$\qquad f'(x) = 0$

(4) 関数の近似　　上の (2) から，次の近似式が成り立つ。

$\qquad f(x + dx) = f(x) + f'(x)dx$

自習問題 4-1

a, b は定数とする。

(1) 次の関数を微分せよ。

$\qquad x^3 - 10,\ x^{0.5},\ (ax+b)^2,\ 1+e^x,\ e^{-x},\ e^{ax+b},\ 1/x,\ 1/(ax+b),\ \ln x,\ \ln(ax+b),\ \sin x \cos x$

(2) 次の関数上の $x = 1$ の点における接線の式を求めよ。

$\qquad x^2,\ \sqrt{x},\ e^x,\ \ln x,\ \sin x$

(3) 次の関数は，x を $x = 0$ から微小な量 dx だけ増加させたとき，どれだけ増加するか。

$\qquad x^3 - 10,\ e^x,\ \cos x$

(4) 次の関数の極値の必要条件を求め，それを解け。

$\qquad x^2 - 2x + 1,\ 1/(x^2+1),\ \cos x$

(5) dx の値が充分小さいとき，次の関数の近似値を求めよ。dx について一次まででよい。

$\qquad \ln(1+dx),\ \sqrt{1+dx},\ e^{dx},\ \cos(dx),\ \sin(dx),\ 1/(1+dx)$

4-1-3 積分の練習

(1) 不定積分

積分とは，関数の増加傾向から関数そのものの値を求めるものである。関数の微分係数が単なる特定の場所での値でなく，一般的な場所での傾向として導関数の形で与えられる必要がある。微分の練習の例の時に使った関数を今回も使用する。

ある関数の微分係数が次の形であると知れたら，元の関数はどのような形かが問題である。

$$\frac{df(x)}{dx} = 2x \tag{4-6}$$

このような問題で得られた解のことを不定積分という。不定積分は定数分だけは定まらないので，これを通常 C と書かれる積分定数でおく。不定積分を求めることを次式のような形で表す。

$$\int 2x dx = x^2 + C \tag{4-7}$$

不定積分の求め方は，もっぱら微分係数の求め方の逆のプロセスである。

不定積分のまとめ

積分定数 C は (2) 以降では省いた。

(1) 一般的に $\quad \frac{d}{dx}F(x) = f(x)$ なら $\int f(x)dx = F(x) + C \tag{4-8}$

(2) 多項式 $\quad \int x^n dx = \frac{1}{n+1}x^{n+1} \, (n \neq -1), \quad \int \frac{1}{x}dx = \ln x \tag{4-9}$

(3) 一般のべき $\quad \int x^a dx = \frac{1}{a+1}x^{a+1} \, (a \neq -1), \quad \int \frac{1}{x}dx = \ln x \tag{4-10}$

(4) 指数関数 $\quad \int e^x dx = e^x \tag{4-11}$

(5) サイン関数 $\quad \int \sin x dx = -\cos x \tag{4-12}$

(6) コサイン関数 $\quad \int \cos x dx = \sin x \tag{4-13}$

(7) 関数の和 $\quad \int \{f(x) + g(x)\}dx = \int f(x)dx + \int g(x)dx \tag{4-14}$

(2) 定積分

不定積分を使って次の定積分を計算できる。定積分を計算すると面積などを得ることができる。定積分は一般的には次の式で定義される。x の下限 a と上限 b をあらかじめ決めておく。

$$\int_a^b f(x)dx = \lim_{N \to \infty} \sum_{i=1}^{N} f(a + i\Delta x)\Delta x, \quad \Delta x = \frac{b-a}{N} \tag{4-15}$$

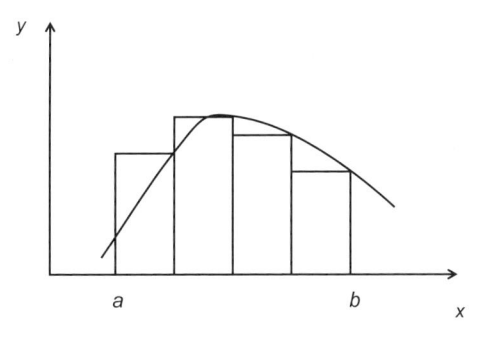

図 4-1　定積分の説明

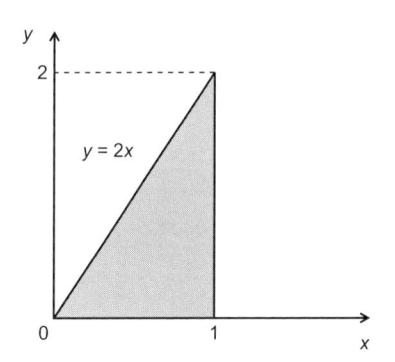

図 4-2　$y = 2x$ に関する定積分の説明

この式は，$x = a$ から $x = b$ までの区間を幅 $(b-a)/N$ の狭い領域に分割し，各々の領域における関数値を高さとする長方形の面積の和について，N が充分大きな値になった時の極限値を表す．この意味で，積分は x 軸と関数を表す曲線 $y = f(x)$，および $x = a, x = b$ の直線が囲む面積を計算しているといえる（図 4-1 参照）．

実際の定積分の計算は，積分の下限 a と上限 b を指定して次の計算を行ったものである．

$$\int_a^b f(x)\mathrm{d}x = \left[F(x)\right]_a^b = F(b) - F(a) \tag{4-16}$$

この計算で，x 軸と関数を表す曲線 $y = f(x)$，および $x = a$，$x = b$ の直線が囲む面積を得る．簡単な例でこれを説明する．$f(x) = 2x$，$a = 0$，$b = 1$ の場合を考えよう．

不定積分は　　$\int 2x\mathrm{d}x = x^2$ \hfill (4-17)

定積分は　　$\int_0^1 2x\mathrm{d}x = \left[x^2\right]_0^1 = 1$ \hfill (4-18)

図 4-2 にあるように，x 軸と関数を表す曲線 $y = 2x$ と直線 $x = 0$，$x = 1$ が囲んでできる図形は三角形で，その面積は 1 である．

(3) 置換積分法

合成関数の微分は，下記のようにあるかたまりに注目して微分を行う。

$$\frac{\mathrm{d}}{\mathrm{d}x}(ax+b)^n = \frac{\mathrm{d}(ax+b)^n}{\mathrm{d}(ax+b)}\frac{\mathrm{d}(ax+b)}{\mathrm{d}x} = n(ax+b)^{n-1}a \tag{4-19}$$

積分においても同じ考えが有効である。関数 $f(x)$ の不定積分 $F(x)$ がわかった時，合成関数 $f(ax+b)$ の不定積分を求めよう。合成関数の微分より

$$\frac{\mathrm{d}}{\mathrm{d}x}F(ax+b) = \frac{\mathrm{d}F(ax+b)}{\mathrm{d}(ax+b)}\frac{\mathrm{d}(ax+b)}{\mathrm{d}x} = a\frac{\mathrm{d}F(ax+b)}{\mathrm{d}(ax+b)} = af(ax+b) \tag{4-20}$$

a は 0 ではないとして次の公式を得る。

$$\int f(ax+b)\mathrm{d}x = \frac{1}{a}F(ax+b) + C \tag{4-21}$$

次に，別の例として次の積分を考える。

$$\int x(ax+b)^n \mathrm{d}x \tag{4-22}$$

ここで $ax+b$ に注目してこれを t と置く。

$$\begin{aligned} ax+b &= t \\ x &= \frac{t-b}{a}, \quad \frac{\mathrm{d}x}{\mathrm{d}t} = \frac{1}{a} \end{aligned} \tag{4-23}$$

だから，最初の積分は次のように計算できる。

$$\begin{aligned} \int x(ax+b)^n \mathrm{d}x &= \int \frac{t-b}{a}t^n \frac{\mathrm{d}x}{\mathrm{d}t}\mathrm{d}t = \int \frac{t-b}{a}t^n \frac{1}{a}\mathrm{d}t = \frac{1}{a^2}\int (t^{n+1} - bt^n)\mathrm{d}t \\ &= \frac{1}{a^2}\left(\frac{t^{n+2}}{n+2} - \frac{bt^{n+1}}{n+1}\right) \end{aligned} \tag{4-24}$$

この方法を一般的に考える。次の積分を考える。

$$F(x) = \int f(x)\mathrm{d}x \tag{4-25}$$

ここで次の置き換えを行う。

$$x = g(t) \tag{4-26}$$

この式を t で微分して

$$\frac{\mathrm{d}F}{\mathrm{d}t} = \frac{\mathrm{d}F}{\mathrm{d}x} \cdot \frac{\mathrm{d}x}{\mathrm{d}t} = f(x)\frac{\mathrm{d}}{\mathrm{d}t}g(t) = f(g(t))\frac{\mathrm{d}}{\mathrm{d}t}g(t) \tag{4-27}$$

そこで次のような公式となる。

$$\int f(x)\mathrm{d}x = \int f(g(t))\frac{\mathrm{d}}{\mathrm{d}t}g(t)\mathrm{d}t \tag{4-28}$$

自習問題 4-2

(1) $\int x\sqrt{1+x}\,dx$ (2) $\int \dfrac{dx}{e^x+1}$ $\left[e^x = t \text{ の置換を行う}\right]$

(4) 部分積分法

積の微分から次の式が成立する。

$$\bigl(f(x)g(x)\bigr)' = f(x)'g(x) + f(x)g(x)' \tag{4-29}$$

移項して

$$f(x)g(x)' = \bigl(f(x)g(x)\bigr)' - f(x)'g(x) \tag{4-30}$$

両辺を積分して

$$\int f(x)g(x)'\,dx = f(x)g(x) - \int f(x)'g(x)\,dx \tag{4-31}$$

このように，被積分関数が関数の積になっているときは，この方法でより簡単な積分へと変形できる可能性がある。つまり，一方は容易に積分でき，他方は微分して簡単な関数・低次の関数へ変わる場合である。

例題

次の不定積分を求めよ。 $\int x\cos x\,dx$

答

上の公式で

$$f(x) = x, \quad g(x) = \sin x$$

と見ればよい。

$$\int x\cos x\,dx = \int x(\sin x)'\,dx = x\sin x - \int (x)'\sin x\,dx = x\sin x - \int \sin x\,dx = x\sin x + \cos x$$

自習問題 4-3

(1) $\int \ln x\,dx$ (2) $\int xe^{2x}\,dx$ (3) $\int (2x-1)(x+1)^2\,dx$ (4) $\int x\ln x\,dx$

4-1-4 偏微分の計算練習

(1) 偏 微 分

多変数関数 $f(x, y, z, ...)$ について，変数をひとつだけ残してあとは固定し，その変数で微分することを偏微分という。f の x による偏微分を $\left(\dfrac{\partial f}{\partial x}\right)_{y,z,...}$ のように書く。

例題

三変数関数 $f(x, y, z) = x^3 y^2 z$ について，偏微分 $\left(\dfrac{\partial f}{\partial x}\right)_{y,z}$，$\left(\dfrac{\partial f}{\partial y}\right)_{x,z}$，$\left(\dfrac{\partial f}{\partial z}\right)_{x,y}$ をそれぞれ求めよ。

答

$$\left(\dfrac{\partial f}{\partial x}\right)_{y,z} = y^2 z \dfrac{\mathrm{d}}{\mathrm{d}x} x^3 = 3x^2 y^2 z, \quad \left(\dfrac{\partial f}{\partial y}\right)_{x,z} = x^3 z \dfrac{\mathrm{d}}{\mathrm{d}y} y^2 = 2x^3 yz, \quad \left(\dfrac{\partial f}{\partial z}\right)_{x,y} = x^3 y^2 \dfrac{\mathrm{d}}{\mathrm{d}z} z = x^3 y^2$$

自習問題 4-4

二変数関数 $z(x, y)$ が次のように与えられるとき，偏微分 $\left(\dfrac{\partial z}{\partial x}\right)_y$ と $\left(\dfrac{\partial z}{\partial y}\right)_x$ をそれぞれ求めよ。

(1) $z = xy^2$ (2) $z = \dfrac{y}{x}$ (3) $z = y\mathrm{e}^{-x}$

(4) $z = \left(1 + \dfrac{1}{x} + \dfrac{1}{x^2}\right) \ln y$ (5) $z = \sin x \cos y$

(2) 全微分と関数の変化量

二変数関数 $z(x, y)$ について，全微分は次のように定義される。

$$\mathrm{d}z = \left(\dfrac{\partial z}{\partial x}\right)_y \mathrm{d}x + \left(\dfrac{\partial z}{\partial y}\right)_x \mathrm{d}y \tag{4-32}$$

変数が (x_1, y_1) から (x_2, y_2) まで変化するときの z の変化量は，上式を積分して

$$\Delta z = \int_{x_1}^{x_2} \left(\dfrac{\partial z}{\partial x}\right)_y \mathrm{d}x + \int_{y_1}^{y_2} \left(\dfrac{\partial z}{\partial y}\right)_x \mathrm{d}y \tag{4-33}$$

と求められる。ここで，y が一定値のまま変化しない $(y_1 = y_2)$ とき，$\mathrm{d}y = 0$ だから

$$\Delta z = \int_{x_1}^{x_2} \left(\dfrac{\partial z}{\partial x}\right)_y \mathrm{d}x \tag{4-34}$$

となる。

例題

$z(x, y)$ の全微分が次のように与えられたとき，(x_1, y) から (x_2, y) の変化に伴う z の変化量をそれぞれ求めよ。

答

(1) $\mathrm{d}z = x^2 y \,\mathrm{d}x + \left(\dfrac{\partial z}{\partial y}\right)_x \mathrm{d}y$

$\Delta z = \int_{x_1}^{x_2} \left(\dfrac{\partial z}{\partial x}\right)_y \mathrm{d}x = \int_{x_1}^{x_2} x^2 y \,\mathrm{d}x = y \left[\dfrac{1}{3} x^3\right]_{x_1}^{x_2} = \dfrac{1}{3} y (x_2^3 - x_1^3)$

$$(2)\quad \mathrm{d}z = \frac{\mathrm{e}^{-y}}{x}\mathrm{d}x + \left(\frac{\partial z}{\partial y}\right)_x \mathrm{d}y$$

$$\Delta z = \int_{x_1}^{x_2}\left(\frac{\partial z}{\partial x}\right)_y \mathrm{d}x = \int_{x_1}^{x_2}\frac{\mathrm{e}^{-y}}{x}\mathrm{d}x = \mathrm{e}^{-y}\left[\ln x\right]_{x_1}^{x_2} = \mathrm{e}^{-y}\ln\frac{x_2}{x_1}$$

自習問題 4-5

$z(x, y)$ の全微分が次のように与えられたとき，(x_1, y) から (x_2, y) の変化に伴う z の変化量をそれぞれ求めよ。

(1) $\mathrm{d}z = \dfrac{\mathrm{e}^x}{y}\mathrm{d}x + \left(\dfrac{\partial z}{\partial y}\right)_x \mathrm{d}y$
(2) $\mathrm{d}z = \dfrac{\sin x}{1+y^2}\mathrm{d}x + \left(\dfrac{\partial z}{\partial y}\right)_x \mathrm{d}y$

(3) $\mathrm{d}z = \dfrac{2y}{x^2}\mathrm{d}x + \left(\dfrac{\partial z}{\partial y}\right)_x \mathrm{d}y$
(4) $\mathrm{d}z = (x^3 + 2xy^2)\mathrm{d}x + \left(\dfrac{\partial z}{\partial y}\right)_x \mathrm{d}y$

(5) $\mathrm{d}z = \left\{(1 + x + x^{1/2})\sin y\right\}\mathrm{d}x + \left(\dfrac{\partial z}{\partial y}\right)_x \mathrm{d}y$

(3) 偏微分の関係式

x, y, z が互いの関数であるとき

$$\left(\frac{\partial x}{\partial y}\right)_z = \frac{1}{(\partial y / \partial x)_z} \qquad (4\text{-}35)$$

などの関係が成り立つ。これを逆数恒等式という。

例 題

関数 $z = \dfrac{x}{1+y}$ において $\left(\dfrac{\partial x}{\partial y}\right)_z$ と $\left(\dfrac{\partial y}{\partial x}\right)_z$ を求め，逆数恒等式が成り立つことを確かめよ。

答

関数を x について解き，$x = z(1+y)$ だから $\left(\dfrac{\partial x}{\partial y}\right)_z = z$，同様に $y = \dfrac{x}{z} - 1$ だから $\left(\dfrac{\partial y}{\partial x}\right)_z = \dfrac{1}{z}$，したがって $\left(\dfrac{\partial x}{\partial y}\right)_z \left(\dfrac{\partial y}{\partial x}\right)_z = 1$

自習問題 4-6

関数 $z = \dfrac{x}{y+1} + \dfrac{1}{y^2}$ において $\left(\dfrac{\partial z}{\partial x}\right)_y$ と $\left(\dfrac{\partial x}{\partial z}\right)_y$ を求め，逆数恒等式が成り立つことを確かめよ。

x, y, z が互いの関数であるとき

$$\left(\frac{\partial x}{\partial y}\right)_z \left(\frac{\partial y}{\partial z}\right)_x \left(\frac{\partial z}{\partial x}\right)_y = -1 \tag{4-36}$$

が成り立つ。これをオイラーの連鎖式という。

例題

関数 $z = \dfrac{x}{y^2}$ について，オイラーの連鎖式が成り立つことを確かめよ。

答

与式より $\left(\dfrac{\partial z}{\partial x}\right)_y = \dfrac{1}{y^2}$ および $\left(\dfrac{\partial z}{\partial y}\right)_x = -\dfrac{2x}{y^3}$，また $x = y^2 z$ だから $\left(\dfrac{\partial x}{\partial y}\right)_z = 2yz$。

$$\left(\frac{\partial x}{\partial y}\right)_z \left(\frac{\partial y}{\partial z}\right)_x \left(\frac{\partial z}{\partial x}\right)_y = \left(\frac{\partial x}{\partial y}\right)_z \frac{1}{(\partial z / \partial y)_x} \left(\frac{\partial z}{\partial x}\right)_y$$

$$= 2yz \cdot \left(-\frac{y^3}{2x}\right) \cdot \frac{1}{y^2} = -\frac{y^2 z}{x} = -\frac{x}{x} = -1$$

自習問題 4-7

関数 $z = y\mathrm{e}^{-x}$ について，オイラーの連鎖式が成り立つことを確かめよ。

(4) 偏微分まとめ

例題

関数 $z = \dfrac{x}{y+1} + \dfrac{1}{y^2}$ において $\left(\dfrac{\partial x}{\partial y}\right)_z$ を求めよ。

答1

全微分

$$\mathrm{d}z = \left(\frac{\partial z}{\partial x}\right)_y \mathrm{d}x + \left(\frac{\partial z}{\partial y}\right)_x \mathrm{d}y = \frac{\mathrm{d}x}{y+1} + \left\{-\frac{x}{(y+1)^2} - \frac{2}{y^3}\right\} \mathrm{d}y$$

において，両辺を $\mathrm{d}y$ で割って

$$\frac{\mathrm{d}z}{\mathrm{d}y} = \frac{1}{y+1} \frac{\mathrm{d}x}{\mathrm{d}y} + \left\{-\frac{x}{(y+1)^2} - \frac{2}{y^3}\right\}$$

z を固定（$\mathrm{d}z = 0$）して

$$0 = \frac{1}{y+1} \left(\frac{\partial x}{\partial y}\right)_z + \left\{-\frac{x}{(y+1)^2} - \frac{2}{y^3}\right\}$$

したがって

$$\left(\frac{\partial x}{\partial y}\right)_z = (y+1) \left\{\frac{x}{(y+1)^2} + \frac{2}{y^3}\right\} = \frac{x}{(y+1)} + \frac{2(y+1)}{y^3}$$

> **答 2** 与式を x について解き $x = (y+1)\left(z - \dfrac{1}{y^2}\right)$
>
> $$\left(\frac{\partial x}{\partial y}\right)_z = \left(z - \frac{1}{y^2}\right) + (y+1)\left(\frac{2}{y^3}\right) = \frac{x}{y+1} + \frac{2(y+1)}{y^3}$$
>
> **答 3** $\left(\dfrac{\partial x}{\partial y}\right)_z \left(\dfrac{\partial y}{\partial z}\right)_x \left(\dfrac{\partial z}{\partial x}\right)_y = -1$ より $\left(\dfrac{\partial x}{\partial y}\right)_z = -\left(\dfrac{\partial z}{\partial y}\right)_x \left(\dfrac{\partial x}{\partial z}\right)_y$, $\left(\dfrac{\partial z}{\partial y}\right)_x = -\dfrac{x}{(y+1)^2} - \dfrac{2}{y^3}$ および
>
> $\left(\dfrac{\partial x}{\partial z}\right)_y = y+1$ だから
>
> $$\left(\frac{\partial x}{\partial y}\right)_z = -\left\{-\frac{x}{(y+1)^2} - \frac{2}{y^3}\right\}(y+1) = \frac{x}{y+1} + \frac{2(y+1)}{y^3}$$

自習問題 4-8

関数 $z = xe^{2y} - \dfrac{x^2}{y}$ において $\left(\dfrac{\partial x}{\partial y}\right)_z$ と $\left(\dfrac{\partial y}{\partial x}\right)_z$ を求めよ。

4-2 物理の基本

本節では，物理化学入門に必要な物理の基本事項を易しく説明する．物理で重要な考え方はエネルギー，仕事と力である．次に興味があるのが運動であろう．最後に物理の法則をまとめる．

4-2-1 エネルギー

地上にある物体を手で持ち上げることを考える．このとき，物体はわれわれの手からエネルギーを受け取っている．このエネルギーを，位置エネルギーあるいはポテンシャルエネルギー E_p という．

物体をある高さまで持ち上げた後，手を離すと物体は位置エネルギーを使って落下運動を始める．このとき物体が獲得するエネルギーを運動エネルギー E_k という．

物理では，多くは定量的な議論をする．運動エネルギーと位置エネルギーの和を全力学的エネルギー E と呼ぶ．式で書くと

$$E = E_k + E_p \tag{4-37}$$

位置エネルギーは，物体の質量 m，地上（位置エネルギーの基準面）からの高さ z，それに自然落下の加速度と呼ばれる物理定数 g を用いて次のように書ける．

$$E_p = mgz \tag{4-38}$$

また，運動エネルギーは質量と速度 v を用いて次の式で与えられる．

$$E_k = \frac{1}{2}mv^2 \tag{4-39}$$

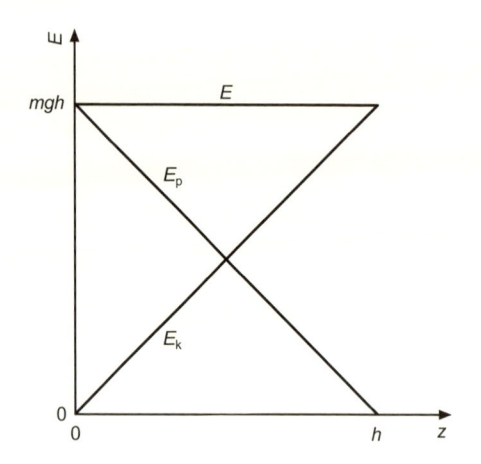

図4-3 物体を地面から高さhまで持ち上げ，静かに手を離した時の，高さzにおける位置エネルギーE_p，運動エネルギーE_kおよび全力学的エネルギーE

手を離したときの地上からの高さをhとすると，次の量がこの物体の全エネルギーで定数となる。

$$E = mgh \tag{4-40}$$

位置エネルギーE_p，運動エネルギーE_kおよび全力学的エネルギーEを，物体の高さzに対してグラフに描こう。このときは式（4-37）から

$$E_k = mgh - mgz$$

したがって，グラフは図4-3のように三本の直線で示される。このグラフは，全力学的エネルギーが一定であることを示している。

4-2-2 仕　事

仕事とは，物体に力を加えて移動させたとき，物体に供給されるエネルギーである。地球上では，質量がmの物体にはmgの大きさの力がはたらく。座標軸を鉛直上向きにとれば，この力の向きは下向きである。この重力と釣り合う鉛直上向きの力mgで，静かに高さhまで引き上げると，力と移動距離の積で，以下のように仕事wの形で物体にエネルギーを供給したわけである。

$$w = \int_0^h mg \, dx = mg \int_0^h dx = mgh \tag{4-41}$$

こうして物体が獲得したエネルギーが，先の節で述べた位置エネルギーである。

4-2-3 仕　事　率

仕事率とは，単位時間当たりにする仕事の量を表し，通常Pの記号を使用する。時間tの間に仕事Wをしたとすると，Pは次の式で与えられる。Pの単位はJs^{-1}となるが，この組み合わせをSI組立単位でワットと呼び，Wと書く。物理量を表す記号はWなどと斜体で，単位を表す記号はWなどと立体で書かれるので，注意して見分ける必要がある。

$$P = \frac{W}{t}, \quad 1\text{W} = 1\frac{\text{J}}{\text{s}} \tag{4-42}$$

例 題

(1) 質量 m の物体を，時間 t の間に高さ h だけ引き上げたときの仕事率を求めよ．
(2) 体重 60 kg の人が，高低差 10 m の階段を 10 s で駆け上がると，この人が重力に逆らってした仕事の仕事率はいくらか．重力の加速度 g の大きさは 9.8 ms^{-2} とする．

答

(1) $W = mgh, \quad P = \dfrac{W}{t} = \dfrac{mgh}{t}$

(2) $P = \dfrac{mgh}{t} = \dfrac{60\,\text{kg} \times 9.8\,\text{ms}^{-2} \times 10\,\text{m}}{10\,\text{s}} = 5.9 \times 10^2\,\text{W}$

自習問題 4-9

(1) ポンプで体積 V の水を h だけ高いところへ時間 t で汲み上げた．このポンプの仕事率 P はいくらか．水の密度は d，重力加速度 g とする．
(2) $V = 2.0\,\text{m}^3$，$h = 3.0\,\text{m}$，$t = 5.0\,\text{min}$ のとき，このポンプの仕事率 P はいくらか．$d = 1.0$ gcm^{-3} とする．

4-2-4 力と運動

力と運動は密接に結び付いている．物体に力を加えない限り，物体はそれまでの運動を続ける．すなわち物体が静止していたのなら，静止したままであり，運動していたのなら，その速度は一定のままである．

では，物体に力 F を加えるとどうなるかの問題を解いたのがニュートンである．ニュートンは，質量 m の物体に力 F が加わると，速度 v は時間 t に対して次の式のように変化することを見出した．$\dfrac{\text{d}}{\text{d}t}v$ は v の時間変化を表し，加速度 a と呼ばれる．

$$m\frac{\text{d}}{\text{d}t}v = F \tag{4-43}$$

この式に基づいて，高さ h のところで静かに離した物体の落下運動を解くことにしよう．

物体に働く力は重力であるから，$F = -mg$ で一定である．これを上の式に代入して

$$m\frac{\text{d}}{\text{d}t}v = -mg, \quad \therefore \frac{\text{d}}{\text{d}t}v = -g \tag{4-44}$$

速度の時間的な変化の様子がこの式でわかった．初め速度は 0 だったので，$t = 0$ において $v = 0$ の条件でこの式を積分し，速度は時間の関数として，次の形で与えられることがわかる．

$$v = -gt \tag{4-45}$$

位置と速度は次の関係にあるから

$$\frac{dz}{dt} = v \tag{4-46}$$

これに上の式 (4-45) を代入して

$$\frac{dz}{dt} = -gt \tag{4-47}$$

これを $t = 0$ において $z = h$ の条件で積分し，位置 z は時間 t の関数として次の形で得られる。

$$z = -\frac{1}{2}gt^2 + h \tag{4-48}$$

自習問題 4-10

上記の運動について，横軸に時間 t をとり，位置 z，速度 v，加速度 a，運動エネルギー E_k，および位置エネルギー E_p をそれぞれグラフで示せ。

4-2-5 運動量の変化

力学の出発点にニュートンの運動方程式を選ぶ。

$$m\frac{d}{dt}v = F \tag{4-49}$$

この式の両辺に微小な時間の増分 dt を掛けて，両辺を時間で積分する。

$$\int_{t_1}^{t_2}\left(m\frac{dv}{dt}\right)dt = \int_{t_1}^{t_2} F dt \tag{4-50}$$

質量 m は定数であるから微分記号の中に入れることができる。

$$\int_{t_1}^{t_2}\frac{d(mv)}{dt}dt = \int_{t_1}^{t_2} F dt \tag{4-51}$$

$t = t_1$，t_2 における速度をそれぞれ v_1，v_2 として，左辺は次のように積分できる。

$$mv_2 - mv_1 = \int_{t_1}^{t_2} F dt \tag{4-52}$$

mv は運動量と呼ばれ運動の激しさを表す量であり，右辺の積分は力積という。この式は，物体が力を受けると，その運動量が力積の分だけ変化することを示している。分子が壁と衝突して跳ね返るとき，分子は速度の向きを変えるので大きな運動量の変化があるが，これは分子が壁から受ける力積（力の時間積分）と等しい。

例題

質量 m の物体が速度 v で運動していた。この物体が壁と衝突して，衝突前の運動方向と

逆の向きに，同じ速度の大きさで運動するようになった。この物体が衝突で受けた力積を求めよ。

答

衝突後の速度は $-v$ であるから，式（4-52）に代入して

$$\int_{t_1}^{t_2} F dt = mv_2 - mv_1 = m(-v) - mv = -2mv$$

自習問題 4-11

質量 1 kg の物体が速度 1 ms^{-1} で運動していた。この物体が壁と衝突して，衝突前の運動方向と逆の向きに，同じ速度の大きさで運動するようになった。この物体が衝突で受けた力積を求めよ。

4-2-6 エネルギーの保存

運動方程式（式（4-43））の両辺を x で x_1 から x_2 まで積分すると

$$\int_{x_1}^{x_2} m \frac{dv}{dt} dx = \int_{x_1}^{x_2} F dx \tag{4-53}$$

右辺は力 F による仕事である。左辺は，時刻 $t = t_1$, t_2 における位置をそれぞれ x_1, x_2 として，$dx = \frac{dx}{dt} dt = v dt$ を使って置換積分すると

$$\int_{t_1}^{t_2} m \frac{dv}{dt} \frac{dx}{dt} dt = \int_{t_1}^{t_2} m \frac{dv}{dt} v dt = \int_{t_1}^{t_2} mv \frac{dv}{dt} dt = \int_{t_1}^{t_2} \frac{d}{dt}\left(\frac{1}{2}mv^2\right) dt = \left[\frac{1}{2}mv^2\right]_{t_1}^{t_2} \tag{4-54}$$

時刻 $t = t_1$, t_2 における速度をそれぞれ v_1, v_2 としてまとめると，運動エネルギーの変化は力のした仕事に等しいことを示している。

$$\frac{1}{2}mv_2^2 - \frac{1}{2}mv_1^2 = \int_{x_1}^{x_2} F dx \tag{4-55}$$

重力のような場合，力は位置エネルギーと次の関係がある。

$$F = -\frac{d}{dx} E_p \tag{4-56}$$

このように負号がつくのは，重力に釣り合う反対向きの力でゆっくり持ち上げるときの仕事が位置エネルギーだからである。この式のように，位置エネルギーは力を発生する潜在の能力を持っているとの意味で，ポテンシャルエネルギーとも呼ばれる。

$$\frac{1}{2}mv_2^2 - \frac{1}{2}mv_1^2 = \int_{x_1}^{x_2} \left(-\frac{dE_p}{dx}\right) dx = \left[-E_p\right]_{x_1}^{x_2} = E_{p1} - E_{p2} \tag{4-57}$$

状態 2 の量を左辺にまとめて

$$\frac{1}{2}mv_2^2 + E_{p2} = \frac{1}{2}mv_1^2 + E_{p1} \tag{4-58}$$

この式は全力学的エネルギーが一定であることを示しており，力学的エネルギー保存則という。力がポテンシャルエネルギーの微分から導かれる場合に成立する。

例題

質量が m の物体がばねに結ばれて運動する。物体の位置 x はばねの自然な長さからのずれ（変位）である。このようなとき，物体はばねから次の力 F を受ける。

$$F = -kx$$

ここで，k はばね定数である。この系の位置エネルギー（ポテンシャルエネルギー）を求めよ。

答

ばねの自然長の位置 $x = 0$ から，ある変位 x まで変位させるときに手がする仕事を求める。ばねの弾性力が F のとき，手はそれと釣り合う反対向きの力を加えているから，手の加える力は $-F$ である。

$$E_\mathrm{p} = \int_0^x (-F)\mathrm{d}x = \int_0^x (kx)\mathrm{d}x = \left[\frac{1}{2}kx^2\right]_0^x = \frac{1}{2}kx^2$$

自習問題 4-12

ばねを 1.0×10^{-2} m 変位させると 1.0 N の弾性力を生じるとする。このばねを 5.0×10^{-2} m 伸ばすと，ばねの持つ位置エネルギーはいくらになるか。

4-3 実在気体の熱力学

単原子分子からなる実在気体をファンデルワールス状態方程式に従うと仮定すると，圧力と内部エネルギーは次の式で表される。

$$p = \frac{RT}{V_\mathrm{m}-b} - \frac{a}{V_\mathrm{m}^2} = \frac{nRT}{V-bn} - \frac{an^2}{V} \tag{2-7}$$

$$U_\mathrm{m} = \frac{3}{2}RT - \frac{a}{V_\mathrm{m}}, \qquad U = \frac{3}{2}nRT - \frac{an^2}{V} \tag{2-16}$$

すでに本文で，圧力の体積・温度依存性，臨界点，断熱自由膨張などを学んだ。この付録では，等温可逆膨張，断熱可逆膨張，エンタルピーの温度・体積依存性，ジュール-トムソン効果などを取り上げる。

4-3-1 実在気体の等温可逆膨張

例題

単原子分子からなるファンデルワールス気体 n mol が，温度と体積が (T, V_i) の状態から (T, V_f) の状態へ，外圧と等しい圧力を保ったまま等温可逆膨張したとする。ここで $T, V_\mathrm{i}, V_\mathrm{f}$ が与えられたとき，気体が受け取る熱 q と仕事 w を求めよ。

答

例題 2-18 と同じく，仕事については可逆膨張の式（2-24）が使える．

$$w = -\int_{V_i}^{V_f} p\,dV \tag{2-24}$$

圧力 p はファンデルワールスの式（2-7）を用いて計算すると

$$w = -\int_{V_i}^{V_f} p\,dV = -\int_{V_i}^{V_f}\left(\frac{nRT}{V-nb} - \frac{an^2}{V^2}\right)dV = -\left[nRT\ln(V-nb) + \frac{an^2}{V}\right]_{V_i}^{V_f}$$
$$= -nRT\ln\left(\frac{V_f - nb}{V_i - nb}\right) - an^2\left(\frac{1}{V_f} - \frac{1}{V_i}\right) \tag{4-59}$$

同様に，内部エネルギー U もファンデルワールスの式（2-16）を使い

$$\Delta U = \Delta\left(\frac{3}{2}nRT\right) - \Delta\left(\frac{an^2}{V}\right) = \frac{3}{2}nR\Delta T - an^2\Delta\left(\frac{1}{V}\right) = -an^2\left(\frac{1}{V_f} - \frac{1}{V_i}\right) \tag{4-60}$$

以上から熱 q は，熱力学第一法則（2-17）から

$$q = \Delta U - w = -an^2\left(\frac{1}{V_f} - \frac{1}{V_i}\right) - \left[-nRT\ln\left(\frac{V_f - nb}{V_i - nb}\right) - an^2\left(\frac{1}{V_f} - \frac{1}{V_i}\right)\right]$$
$$= nRT\ln\left(\frac{V_f - nb}{V_i - nb}\right) \tag{4-61}$$

自習問題 4-13

式（4-61）の熱 q は，体積 V が nb と比べ充分大きいとき，完全気体の式になることを確かめよ．

4-3-2 実在気体の断熱可逆膨張

例題

単原子分子からなるファンデルワールス気体 n mol が，温度と体積が (T_i, V_i) の状態から断熱変化で (T_f, V_f) の状態へ可逆的に膨張したとする．ここで T_i, V_i, V_f が与えられたとき，T_f を求めよ．

答

例題 2-26 と同じ方針で，等温可逆膨張と体積一定の可逆過程を組み合わせ，微小変化を積み重ねて断熱可逆過程を作る．

まず，状態 (T, V) から $(T, V+dV)$ への等温可逆膨張による微小仕事 dw は

$$dw = -p\,dV = -\left(\frac{nRT}{V-nb} - \frac{an^2}{V^2}\right)dV \tag{4-62}$$

内部エネルギーの変化は，式（2-16）から

$$dU = d\left(\frac{3}{2}RT - \frac{an^2}{V}\right) = \frac{3}{2}RdT - d\left(\frac{an^2}{V}\right) = -d\left(\frac{an^2}{V}\right) = \frac{an^2}{V^2}dV \qquad (4\text{-}63)$$

したがって，等温可逆膨張による熱 dq は

$$dq = dU - dw = \frac{an^2}{V^2}dV + \left(\frac{nRT}{V-nb} - \frac{an^2}{V^2}\right)dV = \frac{nRT}{V-nb}dV \qquad (4\text{-}64)$$

次に，体積一定の可逆過程により，式（4-64）の熱を打ち消す熱 $-dq$ を系に与える．式（2-41）より $-dq = C_V dT$ だから，状態 $(T, V+dV)$ から $(T-dT, V+dV)$ への変化において

$$\frac{nRT}{V-nb}dV = C_V(-dT)$$
$$\frac{nR}{V-nb}dV = -C_V\frac{dT}{T} \qquad (4\text{-}65)$$

(T_i, V_i) から (T_f, V_f) まで積分して整理すると

$$\int_{V_i}^{V_f}\frac{nR}{V-nb}dV = \int_{T_i}^{T_f}-C_V\frac{dT}{T}$$
$$nR\ln\frac{V_f-nb}{V_i-nb} = -C_V\ln\frac{T_f}{T_i} \qquad (4\text{-}66)$$
$$\ln\frac{T_f}{T_i} = -\frac{nR}{C_V}\ln\frac{V_f-nb}{V_i-nb}$$

したがって

$$\frac{T_f}{T_i} = \left(\frac{V_i-nb}{V_f-nb}\right)^{\frac{nR}{C_V}} \qquad (4\text{-}67)$$

自習問題 4-14

上の例題において $V_i = 3nb$，$V_f = 33nb$ のとき，T_f/T_i の大きさを求めよ．またこの値を，完全気体で同じ断熱膨張をした時の温度比と比較せよ．

4-3-3 実在気体のエンタルピー

例 題

単原子分子からなるファンデルワールス気体について，次の問に答えよ．

(1) モルエンタルピー H_m を，温度 T とモル体積 V_m，ファンデルワールス係数 a, b および気体定数 R を用いて表せ．
(2) 臨界点におけるモルエンタルピー H_c を，ファンデルワールス係数 a, b を用いて表せ．
(3) H_c で換算されたモルエンタルピーを H_r とする．これを換算変数 V_r および T_r を用いて表せ．
(4) 換算温度 $T_r = 2, 1, 0.5$ における換算モルエンタルピー H_r を，換算モル体積 V_r に対してそれぞれグラフで示せ．

答

(1) $H = U + pV$ より

$$H_m = U_m + pV_m = \left(\frac{3}{2}RT - \frac{a}{V_m}\right) + \left(\frac{RT}{V_m - b} - \frac{a}{V_m^2}\right)V_m$$
$$= \frac{3}{2}RT - \frac{2a}{V_m} + \frac{V_m RT}{V_m - b} \tag{4-68}$$

(2) 式 (4-68) に，ファンデルワールス気体の臨界定数 (2-8) を代入する。

$$V_c = 3b, \qquad p_c = \frac{a}{27b^2}, \qquad T_c = \frac{8a}{27Rb} \tag{2-8}$$

$$H_c = \frac{3}{2}RT_c - \frac{2a}{V_c} + \frac{V_c RT_c}{V_c - b}$$
$$= \frac{3}{2}R\left(\frac{8a}{27Rb}\right) - \frac{2a}{3b} + \frac{3bR\left(\frac{8a}{27Rb}\right)}{3b - b} = \frac{4a}{9b} - \frac{2a}{3b} + \frac{4a}{9b} = \frac{2a}{9b} \tag{4-69}$$

(3) 換算変数は

$$H_m = H_c H_r, \qquad T = T_c T_r, \qquad V_m = V_c V_r, \qquad p = p_c p_r \tag{4-70}$$

これを式 (4-68) に代入する。

$$H_m = \frac{3}{2}RT - \frac{2a}{V_m} + \frac{V_m RT}{V_m - b}$$
$$H_c H_r = \frac{3}{2}RT_c T_r - \frac{2a}{V_c V_r} + \frac{V_c V_r RT_c T_r}{V_c V_r - b} \tag{4-71}$$

これに式 (2-8) と式 (4-69) を代入して

$$\frac{2a}{9b}H_r = \frac{3}{2}R\left(\frac{8a}{27Rb}\right)T_r - \frac{2a}{3bV_r} + \frac{3bV_r R\left(\frac{8a}{27Rb}\right)T_r}{3bV_r - b}$$
$$= \frac{4a}{9b}T_r - \frac{2a}{3bV_r} + \frac{8a}{9b}\frac{V_r T_r}{3V_r - 1} \tag{4-72}$$

$$\therefore H_r = 2T_r - \frac{3}{V_r} + \frac{4V_r T_r}{3V_r - 1} \tag{4-73}$$

(4) H_r を換算体積 V_r に対してグラフで示すと図 4-4 のようになる。

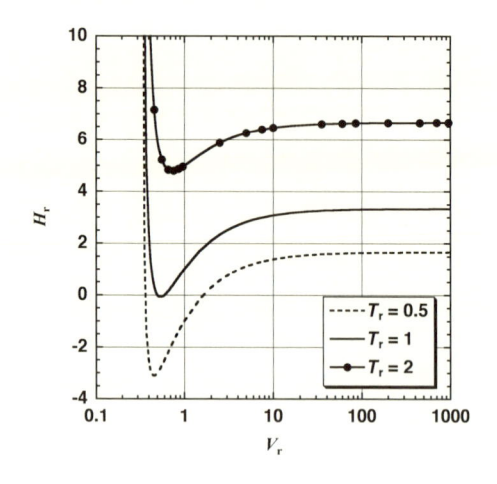

図 4-4 単原子分子からなるファンデルワールス気体の換算モルエンタルピー H_r の，換算体積 V_r に対するグラフ

4-3-4 実在気体のジュール-トムソン効果

例題

(1) ジュール-トムソン係数が 0 となる点と，等温ジュール-トムソン係数が 0 となる点は同じであることを示せ。
(2) 単原子分子からなるファンデルワールス気体について，換算温度 $T_r = 5$，3，1 における換算モルエンタルピー H_r を，換算圧力 p_r に対してそれぞれグラフで示せ。

答

(1) ジュール-トムソン係数 μ と等温ジュール-トムソン係数 μ_T は式（2-85）の関係がある。

$$\mu_T = \left(\frac{\partial H}{\partial p}\right)_T = -\mu C_p \tag{2-85}$$

ここで定圧熱容量 C_p は正の量であるから，二つのジュール-トムソン係数のゼロ点は一致する。

(2) 換算圧力 p_r の式（2-10）から，V_r と p_r の関係が分かる。V_r を助変数として，式（4-73）を用いて p_r と H_r の関係を求め，グラフで示すと図 4-4 のようになる。

$$p_r = \frac{8T_r}{3V_r - 1} - \frac{3}{V_r^2} \tag{2-10}$$

$$H_r = 2T_r - \frac{3}{V_r} + \frac{4V_r T_r}{3V_r - 1} \tag{4-73}$$

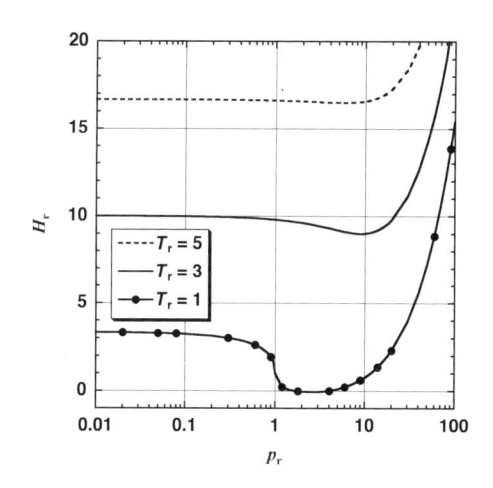

図 4-5 単原子分子からなるファンデルワールス気体の換算モルエンタルピー H_r の，換算圧力 p_r に対するグラフ

自習問題 4-15

例題に倣って実際に p_r–H_r グラフを描き，換算温度 $T_r = 5$，3，1 において $\mu_T = 0$ となる換算圧力 p_r をそれぞれ求めよ。

4-3-5 実在気体のジュール–トムソン効果（2）

例題

(1) 換算温度 $T_r = 2$，1.5，1 の場合の換算モルエンタルピー H_r を，換算モル体積の逆数 $1/V_r$ を横軸に選んでグラフを描け。

(2) ジュール–トムソン効果はエンタルピー一定の過程である。(1) のグラフを用いて，$T_r = 2$，$V_r = 1$ の状態からジュール–トムソン効果により，十分な膨張で $T_r = 1.5$ まで温度が低下することを示せ。

答

(1) グラフは図 4-6 のようになる。

(2) 図 4-6 から，$T_r = 2$，$V_r = 1$ の状態と $T_r = 1.5$，$V_r = \infty$ の状態の H_r が互いに等しいと読み取れるから，ジュール–トムソン効果でこの変化を実現できる。

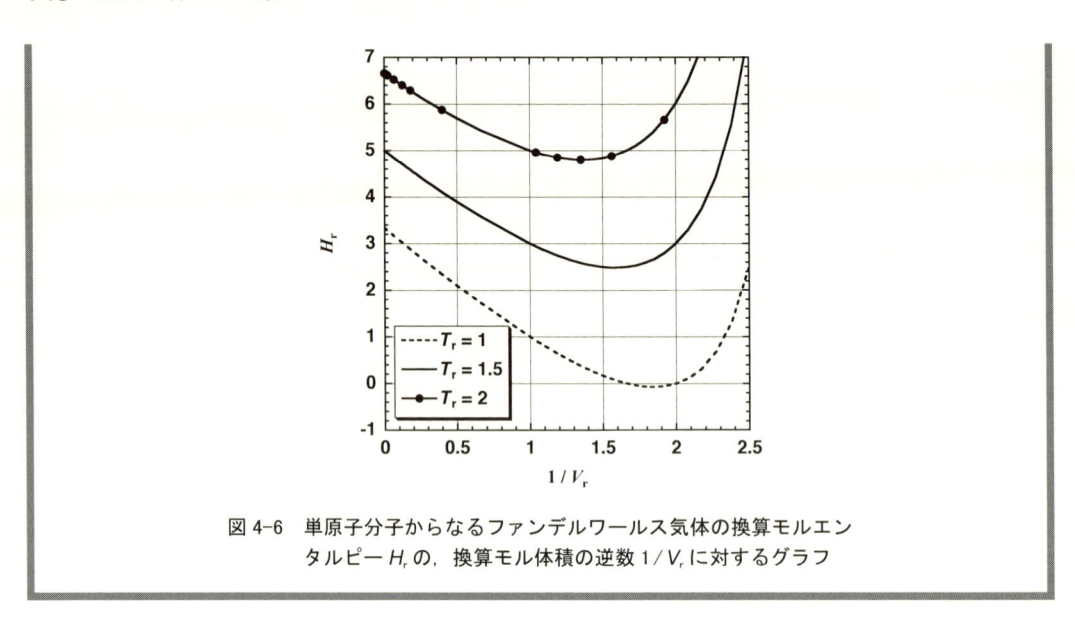

図 4-6　単原子分子からなるファンデルワールス気体の換算モルエンタルピー H_r の，換算モル体積の逆数 $1/V_r$ に対するグラフ

自習問題 4-16

例題と同じように，$T_r = 1.5$，$V_r = 1$ の状態からジュール-トムソン効果で $T_r = 1$ の状態を得られるか検討せよ。

自習問題　解答

4-1 (1) $3x^2$, $0.5x^{-0.5}$, $2a(ax+b)$, e^x, $-e^{-x}$, ae^{ax+b}, $-1/x^2$, $-a/(ax+b)^2$, $1/x$, $a/(ax+b)$, $\cos^2 x - \sin^2 x$

(2) $y = 2x-1$, $y = (x+1)/2$, $y = ex$, $y = x-1$, $y = \cos(1)(x-1) + \sin(1)$

(3) $dy = 0$, $dy = dx$, $dy = 0$

(4) $f'(x) = 2x - 2 = 0$ で $x = 1$, $x = 0$, $x = n\pi$

(5) dx, $1 + 0.5\,dx$, $1 + dx$, 1, dx, $1 - dx$

4-2 (1) $1+x = t$ とおくと $dx = dt$

$$\int x\sqrt{1+x}\,dx = \int (t-1)\sqrt{t}\,dt = \int t^{3/2} - t^{1/2}\,dt = \frac{2}{5}t^{5/2} - \frac{2}{3}t^{3/2} = \frac{2}{5}(1+x)^{5/2} - \frac{2}{3}(1+x)^{3/2}$$

(2) $e^x = t$ とおくと $e^x dx = dt$

$$\int \frac{dx}{e^x + 1} = \int \frac{dt}{t(t+1)} = \int \frac{1}{t} - \frac{1}{t+1}\,dt = \ln\left|\frac{t}{t+1}\right| = \ln\frac{e^x}{e^x+1} = x - \ln(e^x + 1)$$

4-3 (1) $\int \ln x\,dx = \int (x)' \ln x\,dx = x\ln x - \int x(\ln x)'\,dx = x\ln x - \int dx = x\ln x - x$

(2) $\int xe^{2x}\,dx = \int \left(\frac{1}{2}e^{2x}\right)' x\,dx = \frac{1}{2}xe^{2x} - \frac{1}{2}\int e^{2x}\,dx = \frac{1}{2}xe^{2x} - \frac{1}{4}e^{2x}$

(3) $\int (2x-1)(x+1)^2\,dx = \frac{1}{3}(2x-1)(x+1)^3 - \frac{2}{3}\int (x+1)^3\,dx$

$$= \frac{1}{3}(2x-1)(x+1)^3 - \frac{1}{6}(x+1)^4 = \frac{1}{2}(x+1)^2(x^2-1)$$

(4) $\int x\ln x\,dx = \frac{x^2}{2}\cdot\ln x - \int \frac{x^2}{2}\cdot\frac{1}{x}\,dx = \frac{x^2 \ln x}{2} - \frac{x^2}{4}$

4-4 (1) $\left(\dfrac{\partial z}{\partial x}\right)_y = y^2$, $\left(\dfrac{\partial z}{\partial y}\right)_x = 2xy$ (2) $\left(\dfrac{\partial z}{\partial x}\right)_y = -\dfrac{y}{x^2}$, $\left(\dfrac{\partial z}{\partial y}\right)_x = \dfrac{1}{x}$

(3) $\left(\dfrac{\partial z}{\partial x}\right)_y = -ye^{-x}$, $\left(\dfrac{\partial z}{\partial y}\right)_x = e^{-x}$

(4) $\left(\dfrac{\partial z}{\partial x}\right)_y = \left(-\dfrac{1}{x^2} - \dfrac{2}{x^3}\right)\ln y$, $\left(\dfrac{\partial z}{\partial y}\right)_x = \left(1 + \dfrac{1}{x} + \dfrac{1}{x^2}\right)\dfrac{1}{y}$

(5) $\left(\dfrac{\partial z}{\partial x}\right)_y = \cos x \cos y$, $\left(\dfrac{\partial z}{\partial y}\right)_x = -\sin x \sin y$

4-5 (1) $\Delta z = \int_{x_1}^{x_2} \dfrac{e^x}{y}\,dx = \dfrac{1}{y}\left[e^x\right]_{x_1}^{x_2} = \dfrac{e^{x_2} - e^{x_1}}{y}$

(2) $\Delta z = \int_{x_1}^{x_2} \dfrac{\sin x}{1+y^2}\,dx = \dfrac{1}{1+y^2}\left[-\cos x\right]_{x_1}^{x_2} = \dfrac{\cos x_1 - \cos x_2}{1+y^2}$

(3) $\Delta z = \int_{x_1}^{x_2} \dfrac{2y}{x^2}dx = 2y\left[-\dfrac{1}{x}\right]_{x_1}^{x_2} = 2y\left(\dfrac{1}{x_1}-\dfrac{1}{x_2}\right)$

(4) $\Delta z = \int_{x_1}^{x_2}(x^3+2xy^2)dx = \left[\dfrac{x^4}{4}\right]_{x_1}^{x_2} + y^2\left[x^2\right]_{x_1}^{x_2} = \dfrac{1}{4}(x_2^4-x_1^4) + y^2(x_2^2-x_1^2)$

(5) $\Delta z = \int_{x_1}^{x_2}\{(1+x+x^{1/2})\sin y\}dx = \sin y\left[x+\dfrac{x^2}{2}+\dfrac{2x^{3/2}}{3}\right]_{x_1}^{x_2}$
$= \sin y\left\{x_2-x_1+\dfrac{1}{2}(x_2^2-x_1^2)+\dfrac{2}{3}(x_2^{3/2}-x_1^{3/2})\right\}$

4-6 与式より $\left(\dfrac{\partial z}{\partial x}\right)_y = \dfrac{1}{y+1}$, また $x=(y+1)\left(z-\dfrac{1}{y^2}\right)$ だから $\left(\dfrac{\partial x}{\partial z}\right)_y = y+1$, したがって $\left(\dfrac{\partial z}{\partial x}\right)_y\left(\dfrac{\partial x}{\partial z}\right)_y = 1$

4-7 与式より $\left(\dfrac{\partial z}{\partial x}\right)_y = -y\mathrm{e}^{-x}$ および $\left(\dfrac{\partial z}{\partial y}\right)_x = \mathrm{e}^{-x}$, また $y=z\mathrm{e}^x$ だから $\left(\dfrac{\partial y}{\partial x}\right)_z = z\mathrm{e}^x$

$\left(\dfrac{\partial x}{\partial y}\right)_z\left(\dfrac{\partial y}{\partial z}\right)_x\left(\dfrac{\partial z}{\partial x}\right)_y = \dfrac{1}{(\partial y/\partial x)_z}\dfrac{1}{(\partial z/\partial y)_x}\left(\dfrac{\partial z}{\partial x}\right)_y$
$= \dfrac{1}{z\mathrm{e}^x}\cdot\dfrac{1}{\mathrm{e}^{-x}}\cdot(-y\mathrm{e}^{-x}) = -\dfrac{y}{z\mathrm{e}^x} = -\dfrac{1}{\mathrm{e}^{-x}\cdot\mathrm{e}^x} = -1$

4-8 例題答 1 の方法で

$dz = \left(\dfrac{\partial z}{\partial x}\right)_y dx + \left(\dfrac{\partial z}{\partial y}\right)_x dy = \left(\mathrm{e}^{2y}-\dfrac{2x}{y}\right)dx + \left(2x\mathrm{e}^{2y}+\dfrac{x^2}{y^2}\right)dy$

$0 = \left(\mathrm{e}^{2y}-\dfrac{2x}{y}\right)\left(\dfrac{\partial x}{\partial y}\right)_z + \left(2x\mathrm{e}^{2y}+\dfrac{x^2}{y^2}\right)$

$\therefore \left(\dfrac{\partial x}{\partial y}\right)_z = \dfrac{2x\mathrm{e}^{2y}+\dfrac{x^2}{y^2}}{\dfrac{2x}{y}-\mathrm{e}^{2y}} = \dfrac{2xy^2\mathrm{e}^{2y}+x^2}{2xy-y^2\mathrm{e}^{2y}}$

$\left(\dfrac{\partial y}{\partial x}\right)_z$ はこの逆数だから

$\left(\dfrac{\partial y}{\partial x}\right)_z = \dfrac{2xy-y^2\mathrm{e}^{2y}}{2xy^2\mathrm{e}^{2y}+x^2}$

4-9 (1) $P = \dfrac{dVgh}{t}$

(2) $P = \dfrac{1.0\times 10^3\,\mathrm{kg\,m^{-3}}\times 2.0\,\mathrm{m}^3\times 9.8\,\mathrm{ms^{-2}}\times 3.0\,\mathrm{m}}{5.0\times 60\,\mathrm{s}} = 196\,\mathrm{W} \to 2.0\times 10^2\,\mathrm{W}$

4-10 それぞれ時間 t の関数として

$$z = -\frac{1}{2}gt^2 + h, \quad v = -gt, \quad a = -g,$$
$$E_k = \frac{1}{2}mv^2 = \frac{1}{2}mg^2t^2, \quad E_p = mgz = mg\left(-\frac{1}{2}gt^2 + h\right)$$

と与えられる。これを，物体が地面に到達するまで（$z = 0$ となるまで）プロットすればよい。

$z = 0$ となる t は，式（4-48）より $t = \sqrt{\dfrac{2h}{g}}$ と求められる。

4-11 $\displaystyle\int_{t_1}^{t_2} F\,dt = -2mv = -2 \times 1\,\text{kg} \times 1\,\text{ms}^{-1} = -2\,\text{mkgs}^{-1} = -2\,\text{Ns}$

4-12 ばね定数 $k = \left|\dfrac{F}{x}\right| = \left|\dfrac{-1.0\,\text{N}}{1 \times 10^{-2}\,\text{m}}\right| = 1.0 \times 10^2\,\text{Nm}^{-1}$ で

$$E_p = \frac{1}{2}kx^2 = \frac{1}{2} \times (1.0 \times 10^2\,\text{Nm}^{-1}) \times (5.0 \times 10^{-2}\,\text{m})^2 = 1.3 \times 10^{-1}\,\text{J}$$

4-13 nb が 0 に近づいた極限を考える。

4-14 単原子分子からなるファンデルワールス気体の定容熱容量は，式（2-32）より

$$C_V = \left(\frac{\partial U}{\partial T}\right)_V = \left(\frac{\partial}{\partial T}\left\{\frac{3}{2}nRT - \frac{an^2}{V}\right\}\right)_V = \frac{3}{2}nR$$

と，完全気体の場合と同じになる。したがって T_f/T_i は，式（4-67）から

$$\frac{T_f}{T_i} = \left(\frac{V_i - nb}{V_f - nb}\right)^{\frac{nR}{C_V}} = \left(\frac{2nb}{32nb}\right)^{\frac{2}{3}} = 0.16$$

いっぽう完全気体の場合は，式（2-47）から

$$\frac{T_f}{T_i} = \left(\frac{V_i}{V_f}\right)^{\frac{nR}{C_V}} = \left(\frac{3nb}{33nb}\right)^{\frac{2}{3}} = 0.20$$

4-15 式（2-85）より，図 4-5 のような p_r-H_r グラフの傾きが等温ジュール–トムソン係数 μ_T を与える。傾きが 0 になる点は，$T_r = 5$，3，1 のとき $p_r = 5.9$，9.0，2.6。

4-16 $T_r = 1.5$，$V_r = 1$ で $H_r = 3$ と読み取れる。$T_r = 1$ において，$1/V_r = 0.13$ 付近で $H_r = 3$ となることがわかるから，この変化は可能である。

索　　引

あ　行

アインシュタインモデル　67
　　――での熱容量　68
圧　力　10, 140
圧力等温線図　19
アボガドロ定数　5
アンペア　6

位置演算子　80
一次結合　82
一次元の箱の中の粒子　78
一般解　72
引力の効果　14

ウィーンの変位法則　64
運　動　137
運動エネルギー　71, 135
　　――方程式　138
運動量　71, 138
　　――演算子　71
　　――の変化　138

エネルギー　135
　　――の平均値　66
　　――の保存　139
　　――密度　66
　　――, 位置　135, 139
　　――, 運動　71, 135
　　――, 全力学的　135
　　――, 内部　20, 140
　　――, ポテンシャル　71, 135, 139
エルミート多項式　91
演算子　71, 74
エンタルピー　29
　　――の温度依存性　38
　　――の温度変化　29
　　――, 実在気体の　142
　　――, 一定体積のもとでの　38
エントロピー　40
エントロピー変化　40
　　――, 孤立系の　46
　　――, 定圧加熱による分子系の　41
オイラーの連鎖式　54, 134

か　行

折り返し点　94
温　度　5
　　――, 絶対　5
　　――, 熱力学的　5

外　圧　24
化学ポテンシャル　57
可逆過程　24, 47
可逆変化　49
角運動量　95
　　――の演算子　100
　　――の量子化　100
　　――, 古典力学における　100
　　――, 量子論的　109
角速度　95
角度部分　112
確率密度　72, 73
　　――関数　94
重ね合わせと期待値　76
加速度　4
　　――, 自然落下の　4, 135
荷電粒子の加速　70
カルノーサイクル　43
カロリーメータ定数　27
換算プランク定数　71
換算変数　18
関数の積　126
関数の変化量　127, 132
慣性モーメント　95
完全気体　11
　　――の圧力　11
　　――の等温可逆膨張　24
完全結晶　47

規格化　73
奇関数　76, 93
気体が受け取る熱　140
期待値　76
気体定数　11, 17
ギブズエネルギー　48
　　――の圧力依存性　56
　　――の温度依存性　55
基本式　49
基本単位　2

逆数恒等式　133
吸収光　68
球面調和関数　108
境界条件　79, 86
　　――, 周期　108
極座標　73, 96, 102
極小点　127
極大点　127
極　値　127
虚数単位　71
キログラム　2

偶関数　93
クラウジウスの不等式　46
クーロン　6
　　――ポテンシャルエネルギー　112

系に供給される熱　29
外　界　46
ケルビン　5
原子分子のスペクトル　68

光子のエネルギー　69
合成関数　127
光電効果　69
国際単位系　2
黒体放射　64
固有関数　74
固有値　74
根平均二乗偏差　77

さ　行

最小点　127
最大点　127
最大の仕事　49
三次元回転運動　102

紫外部破綻　64
時　間　3
仕　事　4, 23, 136
　　――関数　69
　　――率　136
　　――, 気体の膨張の　23
　　――, 等温可逆膨張の　24

指数関数　126, 128
自然長　90
実在気体　14
　――の等温可逆膨張　140
　――の熱力学　140
　――の標準状態　57
質　量　2
自発的変化　47
自発変化　46
重　心　111
　――の座標　110
自由な運動　77
自由膨張　25
　――，完全気体の　25
　――，実在気体の　26
重　力　4
ジュール　5
ジュール-トムソン係数　144
　――，等温　144
ジュール-トムソン効果　39
　――，実在気体の　144
縮　退　86
　――度　86
シュレーディンガー方程式　71
状態関数　45
真空の誘電率　112
振動運動　90
振動数　64, 68

水素型原子　110
随伴ルジャンドル関数　108
スペクトル　68
　――，水素原子の　116

正規直交性　82
積　分　24, 128
　――公式　92
　――定数　72, 78, 128
　――，定　128
　――，不定　128
接線の方程式　127
漸化式　91
全微分　50, 132

相対確率　73
速　度　3

た　行

第一法則と第二法則の結合　49
対応状態の原理　19
対数関数　126

体積要素　72
第二放射定数　64
多原子分子　20
単原子分子　20
断熱可逆膨張　30
　――，完全気体の　30
　――，実在気体の　141
断熱線　33

力　4, 137
　――の単位　10
置換積分法　130
直線型分子　21

定圧における内部エネルギーの温度依存性　53
デカルト座標　73, 96, 102
電　圧　6
電　荷　6
電気素量　6
電気による加熱　27
電気量　6
電磁放射線の粒子性　69
電　流　6

等温圧縮率　34
　――のグラフ　37
　――，完全気体の　34
　――，実在気体の　36
　――，ファンデルワールス気体の　36
等温等圧過程　48
透過確率　88, 89
動径波動関数　114
動径部分　112
等比級数　66
とびとびの値　65
ド・ブローイ　70
　――の関係式　96
　――波長　70
トンネル現象　86

な　行

内部運動　111, 112
内部エネルギー　20, 140
　――，実在気体の　22
　――の定温における体積依存性　52
長　さ　2

二次元回転運動　95

二次元の箱の中の粒子　84
ニュートン　4, 10, 137

熱エネルギー　23
熱エンジンの効率　43
熱源から供給される熱　44
熱測定　27
熱容量　28
　――，定圧　29
　――，低温　67
　――，定容　28
　――，モル定圧　30
　――，モル定容　28
熱力学第一法則　20, 23, 141
熱力学第二法則　45
熱力学第三法則　47

は　行

波　数　68, 117
波　長　68, 117
パッシェン系列　117
波動関数　72
ばね定数　90
ハミルトニアン　72, 99
　――の極座標表示　103
バルマー系列　117
反発力の効果　15
万有引力定数　4
万有引力の法則　4

ピストン　10
微　分　126
微分係数　127
非膨張仕事　49
秒　3

ファラデー定数　6
ファンデルワールス気体　22
ファンデルワールス係数　14, 15
ファンデルワールス状態方程式　16
不可逆過程　47
不確定性原理　77
フガシティー　57
　――，ファンデルワールス気体の　58
複素共役　72
複素数　72
フックの法則　90
物質量　5
部分積分法　131
ブラケット系列　117

プランク定数　65
プランクの式　69
プランク分布　65
分子間距離　14
分子間相互作用　14
分子系　46

平衡点　94
閉鎖系　49
ベクトルの外積　100
ヘルムホルツエネルギー　48
変位　90
変化の割合　126
変化量　126
変数分離　107, 111
変数分離法　85
偏微分　131
偏微分係数　50
　　——の関係式　133

放射エネルギー　64
　　——密度　64
放射光　68
膨張率　33
　　——のグラフ　36
　　——，完全気体の　33
　　——，実在気体の　34
　　——，ファンデルワールス気体の　34
ボーア半径　114
ポテンシャルエネルギー　71, 135, 139
ボルト　6

ま　行

密度　11

メートル　2
面積　128, 129

モルエンタルピー　30
モル質量　5
モル量　5

や　行

陽子　6

ら　行

ライマン系列　117
ラゲールの陪多項式　114
ラプラシアン　102

力学的エネルギー保存則　94, 140
力積　138
理想気体　11
粒子間距離　110
粒子の波動性　70
リュードベリ定数　117
量子化　96
量子状態　79
量子数　114
臨界定数　18
臨界点　17

レイリー-ジーンズの法則　64

わ　行

ワット　136

欧　文

∇^2　102
A　6
A　48
a_0　114
C　6
C_p　29
C_p と C_V の関係　54
C_V　28
C_{Vm}　28
e　6
F　6
h　65
$H_v(y)$　91
I　95
J　5
J_z　95
K　5
k　20, 90
kg　2
m　2
Maxwell の関係式　50
N　4, 10
p　10
q　23, 140
R　11
R_H　117
s　3
S　40
V　6
w　23
W　136

α　33
ε_0　112
κ_T　34
μ　57
$\langle \Omega \rangle$　76
$\hat{\Omega}$　74
ω　95

著者略歴

片岡　洋右（かたおか　ようすけ）
- 1964 年　京都大学理学部化学科卒業
- 1968 年　京都大学理学部化学科助手
- 1994 年　法政大学工学部物質化学科教授
- 2008 年　法政大学生命科学部環境応用化学科教授
   　　　　現在に至る（博士（理学））

山田　祐理（やまだ　ゆうり）
- 1998 年　法政大学工学部物質化学科卒業
- 2003 年　法政大学大学院工学研究科物質化学専攻博士後期課程修了
- 2004 年　法政大学・東京電機大学兼任講師
   　　　　現在に至る（博士（工学））

物理化学演習（ぶつりかがくえんしゅう）

2011年3月10日　初　版第1刷発行

　　　　　　　　　　　　　ⓒ 著者　片　岡　洋　右
　　　　　　　　　　　　　　　　　山　田　祐　理
　　　　　　　　　　　　　　発行者　秀　島　　　功
　　　　　　　　　　　　　　印刷者　鈴　木　渉　吉

発行所　三共出版株式会社　東京都千代田区神田神保町3の2
　　　　　　　　　　　　　郵便番号 101-0051 振替 00110-9-1065
　　　　　　　　　　　　　電話 03-3264-5711　FAX 03-3265-5149
　　　　　　　　　　　　　http://www.sankyoshuppan.co.jp

社団法人 日本書籍出版協会・社団法人 自然科学書協会・工学書協会　会員

印刷製本・アイ・ピー・エス

JCOPY <（社）出版者著作権管理機構 委託出版物>
本書の無断複写は著作権法上での例外を除き禁じられています。複写される場合は、そのつど事前に、（社）出版者著作権管理機構（電話 03-3513-6969, FAX 03-3513-6979, e-mail: info@jcopy.or.jp）の許諾を得てください。

ISBN 978-4-7827-0646-6